慕成雪 ◉ 著

华中科技大学出版社
http://www.hustp.com
中国·武汉

图书在版编目（CIP）数据

品鉴时尚.水晶/慕成雪著.—武汉：华中科技大学出版社，2018.7
 ISBN 978-7-5680-3482-1

Ⅰ.①品… Ⅱ.①慕… Ⅲ.①水晶—鉴赏 ②水晶—收藏
Ⅳ.①TS933.21 ②G262.4

中国版本图书馆CIP数据核字（2018）第099806号

品鉴时尚：水晶
Pinjian Shishang: Shuijing

慕成雪　著

策划编辑：张　丛
责任编辑：闫丽娜
封面设计：王俊亮
责任校对：曾　婷
责任监印：朱　玢
出版发行：华中科技大学出版社（中国·武汉）　　电　话：（027）81321913
　　　　　武汉市东湖新技术开发区华工科技园　　　邮　编：430223
印　　刷：天津市光明印务有限公司
开　　本：880mm×1230mm　1/32
印　　张：5.5
字　　数：132千字
版　　次：2018年7月第1版第1次印刷
定　　价：45.00元

本书若有印装质量问题，请向出版社营销中心调换
全国免费服务热线：400-6679-118　　竭诚为您服务
版权所有　侵权必究

序言

当古希腊人第一次在奥林匹斯山发现水晶的时候,他们被它的晶莹剔透吸引,将其誉为"洁白的冰",认为这是上帝给予的馈赠。《圣经》中提到:"圣城耶路撒冷城中有神的荣耀,城的光辉如同珍贵的宝石,好像碧玉,明如水晶。"

从古至今,人们从不吝惜对水晶的赞美,对于大众而言,水晶是宝石、是治愈神石、是美好的期许,更是收藏的珍品。社会发展到今天,人们越来越追求多元文化,越来越重视精神层面的丰富,水晶也成为广大收藏爱好者和时尚界的宠儿,被赋予了许多新的意义。

当水晶逐渐成为市场经济时代的宠儿,并成为时尚领域的领航者时,人们对于水晶的追求似乎变得更加狂热了。但热爱不能盲目。唯有让自己成为真正的行家,才能成为水晶品鉴中的时尚领军人,才能在收藏投资的路上走得更远。

追本溯源,爱上水晶,首先要了解水晶。本书讲述了水晶的起源、分类、鉴别、发展及收藏者与水晶的不同故事,更加客观、全面地剖析在千万年的水晶发展史中人类与其的关系,用一种更为亲切的方式与我们这位"美丽的老朋友"对话。

水晶清透圣洁，人心纷繁复杂，从水晶中读懂人生，在品鉴中建立自己的精神王国。唯有真正走进水晶纷繁复杂的独特世界，才能更好地认识它、贴近它、珍惜它、爱上它。

CONTENTS 目录

第一章 起源·水晶的形成及定义
第一节　地壳碰撞出水晶　　/003
第二节　淬炼最耀眼的晶石　/009

第二章 听说·水晶的历史和传说
第一节　水晶名字的传说　　/015
第二节　水晶功效的传说　　/020

第三章 鉴别·认识五彩斑斓的水晶
第一节　探寻水晶之最，材质决定出身　/033
第二节　千万种水晶，千万种辨别方式　/038
第三节　水晶的工艺鉴别　/063

第四章 赏析·石海中寻找发光的你
第一节　高傲的水晶有高贵的出身　/071
第二节　外美内秀·水晶的真假和选择　/083

第三节　传统技艺·精雕细琢成就不朽　　/089

第五章　收藏·与你的千百种相处之道
第一节　时尚水晶·用你的美成就我的时尚　　/105
第二节　收藏水晶·拥有你只为让你更加闪耀　　/113
第三节　星座水晶·你跟星空的千万种联结　　/119
第四节　生辰水晶·我的生辰，你的色彩　　/142

第六章　价值·风起云涌中慧眼识"晶"
第一节　市场有"妖怪"，你需要一面照妖镜　　/151
第二节　东海市场里淘宝　　/156
第三节　同一个世界不一样的水晶　　/161
第四节　N种水晶、N种投资的命运　　/164

后记

第一章

起源·水晶的形成及定义

第一节　地壳碰撞出水晶

在成千上万的宝石中,有人对水晶有一种误解,似乎水晶是普遍的、广泛的,它是装饰品、是时尚,却不是收藏品。

用黄水晶制成的装饰摆件

天然紫水晶摆件

　　这是一种比较浅薄的印象,唯有热爱水晶的人才知道水晶的珍贵,唯有走近水晶的人才了解水晶的世界。这来自大自然最美好的馈赠,远非我们想象的那般简单。

　　"物以稀为贵"这是千百年来形成的认知,但水晶真的如同这些误解一样毫无收藏价值吗?其实不然,水晶绝对是宝石中的稀有存在,更是有充分理由值得你去珍藏的一种保值收藏品。答案或许我们能够从水晶的形成中找到。

　　在这神奇星球的漫长地壳运动中,富含矿物质的高热熔岩在不断地沸腾,正如同这浩瀚宇宙中的一个白色火球,在漫长的时光中被覆盖上各种形态的地壳、地幔，其中的熔岩继续沸腾，最终在熔岩的沸腾中形成水晶。

这地壳、这星球的亿万年变化就浓缩在水晶之中。这闪耀着光芒的地球宝石，成为整个星球发展的记录者和最耀眼的博物馆。它们以不同的材质、形态书写历史，也书写不同的水晶成长史。

万物的脉络是殊途同归的，水晶的成长也可以在变化中寻得规律。大部分水晶都生长在黑暗的地下，形成于地下水丰富的岩洞之中。

这个看似简单的过程需要多重条件的配合，富含二氧化硅的地下水源，岩洞、地底独特的大气压力以及最适宜水晶形成的温度——500℃~600℃。

三种条件缺一不可，剩下的就是等待，是亿万年时间的磨合。

这是一个非常漫长的过程，它是岩浆遇冷结晶，再经过漫长的演化而形成的。在这个过程中，它的主要物质二氧化硅存在很大的不确定性。换言之，并不是所有二氧化硅最终都能成为水晶，这种晶莹剔透的奇迹只属于最完美的结合。

二氧化硅的演变过程决定了这些地下矿石的命运，优胜劣汰的自然法则也在这一刻淋漓尽致地展现出来：当二氧化硅结晶完美时就是水晶；结晶不完美时就是石英；二氧化硅胶化脱水后就是玛瑙；二氧化硅含水的胶体凝固后就成为蛋白石；二氧化硅晶粒小于几微米时，就形成玉髓、燧石、次生石英岩等。

完美不是一瞬间的缘分，而是千万年的可遇不可求。因为在水晶形成的过程中，所有的外在环境都在变化，水质、温度、气压等参数全部随着时间的流转而转换。你永远不知道哪一刻是最理想的状态。

而水晶的珍贵之处也正是因为如此，需要漫长的煎熬，需要在以"亿万年"计数的地质年龄中历经磨难，最终才能变成晶莹剔透的完美晶体。

当然，如若水晶在这亿万年的变化之中只能演变成一种形状、一种形态，那么它就不会如此被世人歌颂了。

水晶的珍贵在于其完美的演变，更在于其让你永远无法预知的诞生和神奇。不同的水晶会因为演变过程中成分的不同、环境的不同、经历的不同而演变成不同的样子。

似乎传统意义上只要一想到水晶，人们就会想到"洁白无瑕、晶莹剔透"八个字，但这并不是水晶的全部。水晶是有各种各样的颜色的，通常人们是根据水晶的颜色来命名它、区分它的。

天然白水晶

基于对水晶的热爱和深入研究,人们赋予不同色彩的水晶以不同的性格和特质,让它具有了属于自己的魅力。笔者将在后文中就不同色彩的水晶进行一一分析,在此不再赘述。

回到水晶的形成,不同颜色的水晶形成的情况也略有不同。

我们最常见的无色水晶,它的形成之路就是上文说的二氧化硅的完美结晶体。

根据矿物的致色理论,其他颜色的水晶因为一些有色杂质、气泡包裹体等自然混入物的介入,被混入了矿物的他色,继而形成了颜色各不相同的水晶。

目前水晶的颜色分为无色、乳白色、紫色、黄色、粉色、红色、蓝色、绿色、紫黄色、烟色、茶色和黑色等。从水晶的形成看,或许无色水晶应该是最完美的存在。但是物以稀为贵,在目前

黄水晶灯饰

可知的水晶之中，蓝色水晶和绿色水晶是最稀有的水晶。当然以上所有水晶皆为天然水晶，如若是人工合成的水晶，也就少了那一份返璞归真的魅力和大自然的鬼斧神工。

各色水晶的成因：无色水晶为纯净的二氧化硅结晶体；乳水晶的乳白色，因含细分散的气、液包裹体而致色；紫水晶的紫色，因成分中含有微量的Fe^{3+}和Mn^{2+}而致色；黄水晶的黄色，因成分中含有微量的Fe^{2+}和结构水H_2O而致色；蔷薇水晶(芙蓉石)的粉红色，因成分中含有微量Mn^{2+}和Ti^{4+}而致色；红水晶的红色，因成分中含有极其细微的红色包裹体矿物质而致色；蓝水晶的蓝色，因成分中含有细微金红石针状晶体的丁德尔散射效应而产生；绿水晶的绿色，因成分中含有微量的Fe^{3+}而致色，或是由于含大量微细的包裹体绿泥石等矿物而致色；双色水晶的紫色和黄色，双色是由于水晶内的双晶所致色，紫色和黄色分别发育于双晶单体中的r面和z面；烟晶的烟色至棕褐色以至黑色，因成分中含有微量的Al^{3+}而呈烟色，黑色是由受放射性影响而产生的游离Si引起的。

命运就是如此的神奇，人如此，宝石亦如此。你永远不知道自己的下一秒会发生什么。在这黑暗的地下，在经过地壳运动、岩浆喷发、二氧化硅结晶等一系列转变之前，水晶也无法预知自己的命运。

但是当幸运降临在它头上，通过一种完美的结晶铸就了水晶的奇迹，属于它的成长故事就此展开。

第二节　淬炼最耀眼的晶石

"宝剑锋从磨砺出，梅花香自苦寒来。"诗人形容这世上的美好事物从来都不会是轻而易举获得的，受到无数人追捧和喜爱的水晶更是如此。

新中国成立初期，在江苏省的东海县曾经出土过三块两吨以上的大水晶，这在当时震惊全国。之后，东海也被发现是中国水晶的主要产地。

现在被收藏在中国地质博物馆中的一块超过1.7米高，重达3.5吨的超大型水晶，就是产自东海。这块水晶石1958年在东海的房山乡柘塘村出土，得到当时的国家领导人亲自批示运送到北京。这块天然水晶通体清澈、杂质极少、透明度极高，是迄今为止出土的水晶中质量上乘的罕见水晶，它被称为"水晶王"。

不熟悉水晶的人或许会惊叹于它的美丽，或许会为它几千斤的庞大体积感到惊奇，但绝对不会想到这神奇的宝石实际上已经有上亿年的年龄。

在前文中已经提到，水晶形成于地壳变化、运动的过程中，是在此过程中偶然得到的稀有珍宝。但是追溯水晶的形成年份，所有的天然水晶都可以毫不夸张地说，其年龄需要以亿年作为计量单位。

以东海为例，在20多亿年前，东海还是一片一望无际的大海，经过火山喷发、地壳移动、海水涨退、风蚀、水蚀等一系列的地壳变化和自然环境的变化,直到唐宋时期才形成后来东海县城的地貌。而水晶也是经过漫长的岁月,才变成了如今让人惊叹的样子。

地质学家认为东海的水晶形成于3亿年前,据地质专家分析,东海的水晶多发现于距离地面30米左右的浅层矿内。而形成的这成吨重的完整自然水晶更是需要经过至少25亿年以上的稳定成长期才能变成如今的形态。

而东海的水晶远不止最初发现的这三块巨型水晶。根据地质专家的全面勘察和常年发现,在整个东海县内共有巨大的石英山脉近400条。在这些石英山脉的溶洞中生成了无数的水晶矿体,在经过亿万年的地质运动中沉积下来,变成如今让人惊叹的巨大宝藏。

带有天然冰裂的紫水晶

如果说山河是自然的脉络，那么这些随着地球环境变化生存了亿万年的珍贵宝藏就是整个地球历史发展的最好记录者，是供研究地壳运动、生态变化最大的宝藏。亿万年间，物种消亡、王朝更替，只有这地层深处的水晶坚守在这里，以守护者和记录者的姿态，在亿万年的轮回中愈发完美。

水晶深藏在这个星球的深处，在黑暗中破土而出，在阳光中璀璨夺目。这是大自然给予人类的珍贵礼物，更是这亿万年时光流转发生的最美丽的奇迹。

水晶是这个地球最忠诚的记录者，也是人类认识这个赖以生存的星球最有力的研究物证之一。宝石的光芒闪烁，点缀的不仅仅是人生，更是漫长的人类社会发展史，是大自然最无与伦比的魅力。

第二章

听说·水晶的历史和传说

第一节 水晶名字的传说

当人们无法解释一件事物的时候总会借助神灵,当人们发现一件超凡脱俗的圣物之时也同样会用神灵的传说来诠释它。

正如水晶,当世人惊叹它的鬼斧神工和晶莹透彻之时,那些让它闪耀圣洁光芒的传说也随之而来。

关于水晶,从远古至今都流传着无数关于它的美丽动人传说,有人说它是水神幻化出的精灵,有人说它象征着幸运的魔法宝石,还有人说它是仙女的眼泪。

众说纷纭又殊途同归,所有传说最后的落脚都是"水晶是这世间无与伦比的美丽"。

紫水晶球

如果非要选择其中一种传说来相信，下面这则传说无疑是最动人的一种。

在很久很久以前，东海之滨有一座神山，这座山因为形状如同一座草屋的样子，因此被世人称为房山。这里四季草木葱葱、流水潺潺，远远望去，在雾气之中，仿佛海上的仙境。

山间的泉水分为上下两泉，因为泉水清澈见底、波光中晶莹剔透，于是泉水被称为"上清泉"和"下清泉"。在这山涧附近有一个美丽的村庄，也因此得名为"清泉村"。

这充满着仙气的美景确实也吸引了神仙前来。一位下凡游玩的水晶仙子被这里的美景吸引，化作凡人的模样在这里留了下来。

美景配佳话，所有的故事都由此展开。情窦初开的水晶仙子邂逅了清泉村淳朴勤劳的砍柴小伙，两个人相逢、相知、相爱，在清泉村村民的见证下结为夫妻，从此幸福地生活在一起。

倘若故事在这里结束，就不会有水晶的美丽传说了。所有传说的过程或许都是如此，总是在最美好的时候遭遇坎坷。两个人幸福的日子没过多久，命运的魔咒就随之而来。

仙凡殊途，天上的仙女跟凡间之人相恋从来都是不合天规、不合伦常的事情。水晶仙子私自下凡被天上的玉皇大帝知晓，于是派遣天兵天将下凡捉拿水晶仙子。已经离不开清泉村、离不开情郎的水晶仙子悲痛欲绝，一路上眼泪如同玉珠般滴落，一滴一滴落在这凡尘大地上，化作了水晶。

自此，人们将这晶莹剔透的水晶又称为"仙女之泪"，以此来纪念水晶仙子可歌可泣的爱情。

天然白水晶簇

神话是人类最古老的信念和智慧。在神话故事中，我们可以追寻人类对于美好事物的最初向往和最难能可贵的寄托。而属于水晶的故事，除了它令人感动的爱情故事之外，还有最质朴、最纯粹的希望。

17世纪的英国，人们将水晶视为和人一样拥有生命律动的生命体。一位英国的宝石匠人甚至这样形容它："水晶的晶莹和珍贵正在于它被包裹在宝石的子宫之中，一点点吸取营养而不断滋长、不断成熟……"

无论是爱情传说，还是充满古人寓言智慧的东西方故事，都只能代表人们对于水晶的美好想象，我们无法细究其真实性，更不能从历史的长河中找到只言片语的注解。

但同时，这早已存在了亿万年的珍贵宝石，并非只存在于神话

天然白水晶

传说之中,它也在史书汗青中留名,在诗人的浪漫歌颂中万古流芳。

古老的东方,人们曾经称水晶为"水玉",这在战国时期的《山海经》中可以寻得痕迹:"堂庭之山多水玉。"这是基于水晶形态的命名,在广东一带,至今仍然叫水晶为"晶玉"。

但同时基于人们对于水晶认识的加深,水晶的名称也就越来越多。在盛产水晶的江苏、山东一带,人们在很久以前就发现水晶可以作为打火石使用,所以根据这一特征人们将水晶称为"火石"或者"火石溜子"。

这是从表层意义上人们对水晶下的定义,从深层意义来看,水晶也曾经在不同的民族文化中、不同的宗教信仰中拥有不同的名字。

在佛教中，人们将水晶当作精灵的栖息之所，将其称为"菩萨石"；佛经《无量清静平等觉经》中甚至将"水精"（水晶）和金、银、琉璃、车渠、珊瑚、琥珀并列为佛家七宝，可见佛教对于水晶的重视。

而在西方神教中也经常将水晶制品作为神圣的器皿使用。这在众多西方文学典籍中都有所记载。《一千零一夜》中就曾经讲述过一个尤尔国王为了他心爱的白都伦公主用水晶建造了一座宫殿的故事。而以《巨人传》为代表的欧洲文艺复兴时期的小说对于水晶杯、水晶碗等水晶器皿也多有描述。

从水晶的传说到水晶的历史，可以看出水晶是一种跨越时代、跨越种族、跨越宗教的神圣之物。人们相信这种晶莹剔透的晶体可以洗涤心灵，给人带来吉祥。

水晶或水精，水中精灵，精华的结晶，美好从名称开始，水晶是美好的开始。

第二节　水晶功效的传说

如果说世人为水晶的由来创造传说是源于内心对这种神圣而又珍贵的宝石的喜爱，那么那些关于水晶的神奇功能的传说就是世人对水晶价值最好的认同。

美丽或许只是因为被华丽的外表吸引而创造的名词，有用则是世俗之人对于水晶最高的褒奖。正如歌词中会写："水晶的魔法，那么神奇……"

人们对于水晶的期许绝不仅仅是浮于表面的观赏，而是发自内心的认同。世界知名儿童文学《哈利·波特》中曾将水晶球当作魔法世界中的重要法器之一，而其他各种动画、传说中关于水晶拯救地球、水晶被施以魔法的形容和描写更是屡见不鲜。

当然，并不是所有的传说都那么让人惊叹。当人们过度夸大水晶的效果可能会产生反作用。近几年被炒作得热火朝天的"水晶骨头之谜"就是个反面教材。

曾经在美洲的原住民中有这样一个传说被口耳相传：人类的先祖早已为这个世界留下了一个可以窥探过去和预知未来的神奇法器——水晶骨头，它们共有13块，被隐藏在地球一个不知名的角落。当有一天，水晶骨头再现，就是地球文明发展到极致之时。

听上去神乎其神的不靠谱传说却成为后世探险家不断追寻的"真相"。20世纪90年代，英国的一家电视曾根据这个传说报道——他们的制片人在中美洲的丛林中发现了传说中的13块水晶骨头,这些水晶骨头精美绝伦,每一块上面都有一种无法言喻的神奇魔法。

谣言愈演愈烈,最后仔细探究发现,这不过是电视台为博取观众的眼球的无聊把戏,所谓的水晶骨头也是伪造的。

但是无论是让人神往的传说还是难以置信的谣言,都体现着这个社会对于水晶的向往和认同。

管中窥豹,可见一斑。由此可见,水晶在这个平凡的社会中闪现出的神奇效果,它似乎在不知不觉中成了众人进行精神慰藉或者追赶潮流的神圣之物。

爱情与财富的象征

不同类型的水晶有着不同类型的寓言,它们在爱好者眼中、在研究者的眼中有着与众不同的疗效。但是这些疗效中最让人神往的还是人类追求的两个永恒的极致——爱情和财富。

在古希腊的众神之中,阿佛洛狄忒是爱与美的化身,据说她的美可以让天地失色、让岁月静止。阿佛洛狄忒是众神追逐的对象,是所有爱与美好的象征。

众神为了赞美这位女神的完美,歌颂对她的爱情,为她创造出了蔷薇花。自此,凡是阿佛洛狄忒经过的地方,就有蔷薇花悄然绽放,整个空气中都会弥漫着粉红色的爱情之光。

而在这神圣又浪漫的蔷薇中,天地的精华在那一刻汇聚,逐渐凝结成淡粉色的晶莹宝石,那就是象征着爱的粉水晶。

因为这个传说,有人说粉水晶散发出的迷人光芒是爱神阿佛洛狄忒表达爱意的象征,是这世间衬托女性柔软纤美气质的最好

粉水晶饰品

装饰。

粉色的水晶也因此被赋予了创造缘分、吸引桃花的美好寓意。当然,可以让爱情绽放的水晶远不止这一种,紫水晶也同样有着爱情水晶的功效。

水晶绝对不是万能的,即使是充满女性魅力的粉水晶也无法帮你辨别这世界上哪一种爱情才是最适合你的爱情。

但成为你爱情幸运石的水晶却可以有很多种。浪漫的粉水晶、优雅的紫水晶,还有古希腊神话中帮助风神罗兰获得爱情的海蓝宝水晶。

守护爱情的水晶很多,但每一种都有不同的定义。如同这个充

天然紫水晶

满悲剧色彩的海蓝宝水晶,关于它的传说中除了坚贞的爱情,更多的是一种坚守和牺牲的精神。

  身为希腊众神中的一员,风神罗兰爱上了与自己有着天壤之别的尘世女子。这一举动惊动了众神,神界极力阻拦。但是为了追求自己所爱,罗兰不惜以生命抵抗命运。他祈求爱神将他的灵魂封存于海蓝宝水晶之中,用以保佑这世间的有情人能够终成眷属。

  从这种意义上看,海蓝宝水晶便成了守护爱情、坚守爱情的象征。或许这些传说中的水晶功效并不能在现实中全部实现,因为谋事在人,成事在天。水晶的庇护和美好寓意会如同传说中一般,始终成为你前行路上的守护者。

  在现实世界中,既要有玫瑰,也要有面包,你想要两者兼得或许并不容易。但是,在水晶的世界里,或许只要你的水晶变一下颜

镶嵌水晶的饰品

色就都能够得到。

当水晶的颜色与那象征着财富的金黄相辉映，或许财富也会随之而来。水晶的功效关于财富的传说，依然有神奇色彩为其加持。

在古希腊，人们把金羊毛当作财富的象征。这是所有人趋之若鹜的宝物。在繁星闪烁的夜空下，金羊毛在森林之中散发着诱人的光芒。

但是稀世珍宝又怎能让人轻而易举地获得呢？森林的深处，邪恶的巨龙作为金羊毛的守护者，不眠不休地警惕外人的入侵。从来没有人从恶龙的眼皮底下获得过金羊毛，这恶龙就如同赋予它力气的战神阿瑞斯一样，所向无敌、骁勇善战。

强夺已经是不可能的事情，但智取依然值得一试。希腊英雄伊阿宋请求神后赫拉赐予他夺取金羊毛的利器，赫拉将自己的黄色水晶赠予伊阿宋。他带着黄色水晶上路，用黄色水晶独特的光芒成功地转移了恶龙的注意力。

就算是守护着财富的恶龙也无法抵挡黄水晶的魅力。当伊阿宋带着黄水晶出现，恶龙的眼中散发出贪婪的光芒，在它的眼中，人类手中的黄色宝石似乎是比金羊毛更宝贵的珍宝。

在黄水晶的光芒中，恶龙不禁变得目光呆滞。正因为如此，伊阿宋抓住了机会，趁恶龙走神的瞬间，将金羊毛夺了过来，原本一直拿在手上的黄水晶也未被破坏。

一举两得、满载而归。后人在传颂伊阿宋的壮举之时，不禁赞叹他过人的智慧。

这是人们对黄水晶魅力的注解，也是对水晶所具有的象征财富、带来财运的功效的注解。

历史证明水晶的价值

传说似乎总有夸大的成分。因为人们更看重的是这些传说背后的寓意,没有人会深究传说的真假。但这并不意味着水晶只存在精神层面上的慰藉,在现实之中,水晶的功能早已经被人类发挥得淋漓尽致。

人类的智慧是无穷的,我们的祖先早就发现了水晶的广泛用途。早在旧石器时代,原始人已经发现了水晶石可以用来切割、解剖动物。根据考古学家研究发现,周口店的古代人遗址中存在众多由水晶石制作而成的工具。这说明在距今50万年前,水晶石已经被当作工具使用。

白水晶装饰品

同样的发现一直在持续产生,随着各地水晶制品的不断出土,根据出土年份不同,水晶的人工形态也发生了不同的变化。在山西的峙峪遗址中考古人员发现了水晶材质的装饰品,这说明距今2.8

万年前,人类祖先已经认识到水晶的审美价值,开始用其作为饰品使用。

再根据人类生存轨迹的年份往下追溯,可以看到在六千年前水晶已经成为较为精细的刮削器具,五千年前水晶已经被制作成了斧头、凿子、坠饰的样子……这些曾经被掩埋的历史再次以水晶的形态被记录。

到了春秋战国时期,水晶的形态更是多种多样,有出现雕刻痕迹的吉祥物和祭祀物品,还有用于占卜的水晶球;到了宋代之后,各种水晶制的器皿更是千姿百态。水晶慢慢地演变为兼具实用价值和观赏价值的多种器具,同时水晶也被赋予了更多精神层面或者文

晶莹剔透的水晶

化层面上的寓意。

史书曾记载，汉武帝赐予备受崇信的大臣雕刻精美的水晶盘，以示对其的重视。清代更是出现了水晶制作的印章、朝珠等，它们象征着权力、威严和高贵的身份。

保佑健康、凸显尊贵、助推前途、吸引桃花……万千水晶拥有万千不同的神奇魅力和各不相同的象征意义。它们以传说的形式被宣扬，以历史的记载被铭刻。

在追求个性的今天，水晶又成了时尚的代名词、投资的宠儿，随着时代的洪流不断变换自己的角色，从精神和物质双重领域寄予广大水晶爱好者慰藉。

时光飞逝，斗转星移，水晶闪耀的意义亘古不变。

故事还有很多，而水晶的故事和传说会一直流传。但在时光的流转中，在岁月的变迁中，水晶的魂、水晶的文化将随着时代的变迁而被赋予不同的意义，最终将神话、故事传递给每一个人。

第三章

鉴别·认识五彩斑斓的水晶

第一节　探寻水晶之最，材质决定出身

赤兔马遇到关羽才成为良驹，俞伯牙遇到钟子期才成就高山流水的佳话，万事万物都必须有"慧眼识珠"的人，才能体现其价值。作为从古至今一直备受人们喜爱的水晶更需要伯乐去识别它的好坏。

不同于其他珠宝的甄别复杂烦琐，水晶如同其通透的特性一样，辨别优劣的方式也较为简单。但是因为目前市面上的水晶收藏分为天然水晶原石和水晶制成品，在水晶品质评判标准上也需要根据具体情况制定不同的标准。

如果仅从最本真的水晶原石来看，材质的特征或许是评判其优劣的最重要标准。

中医需要通过望、闻、问、切诊断患者的病痛，水晶则需要通过视觉的感官从五个角度去判断其品相的优劣。

水晶的称谓

古时候，人们对于水晶有许多种称谓：水玉、水碧、水瑛、水精、晶玉、菩萨石、马牙石、眼镜石、千年冰、放光石等，都是水晶的别名。

每一种称谓，背后都有着不同的含义：人们觉得，水晶是一种长得像水一样的玉，因此称其为水玉；有人认为水晶是水之精灵，因此称其为水精；水晶所闪耀出来的光芒，被佛家弟子认为是神奇的灵光，因此称其为菩萨石；有人见到完整的水晶晶簇，觉得其形状类似交错的马牙，因此称其为马牙石；当眼镜出现之后，一度有人用水晶磨成镜片，于是水晶又被称为眼镜石；广东人觉得水晶是一种玉石，只不过更加晶莹剔透，因此便称其为晶玉；有些出产水晶的地方会蹿出火苗，因此水晶也被称为放光石；古代的人还认为，水晶是千年寒冰幻化而成，因此称其为千年冰。

水晶的级别

A级·最晶莹剔透

其实，从材质上来鉴别水晶，在A级之上，还有两个更高的等级。分别为：AAA级和AA级。

在水晶市场上，习惯性地将AAA级水晶称为3A级水晶。这种水晶

净度较高的黄水晶

也就是俗称的"全美级"水晶。这种级别的水晶，简直可以称为大自然赋予人类的瑰宝，它从内到外完全透明无瑕，没有一丝冰裂或云雾。在水晶的表面，没有人工雕琢时所造成的伤痕。可以说，它完美到几乎让人不忍心去触碰。

对于水晶来说，晶体的净度是评定水晶品级的最重要指标之一。净度越高的天然水晶，意味着品质越好。那些没有明显内含物的天然水晶，就已经十分稀少，至于毫无杂质的纯天然AAA级水晶，就显得弥足珍贵。

因为完美，所以稀少。价格会随着体积的增大而愈发昂贵。一颗100mm左右的AAA级水晶球，市场上的售价就可以达到15万元~30万元。如果是一颗200mm左右的水晶球，价格要比100mm的水晶球贵10倍之多。

AA级的水晶，顾名思义，也就是比AAA级的水晶稍低一级，也就不如AAA级水晶那样处处完美。在AA级的水晶表面，能看到一些细微的瑕疵。这种瑕疵并不一定是划痕，也有可能是里面包含着一些云雾状或棉絮状的杂质。不过，这些杂质的大小绝对不可以超过2~3cm。

比AA级再低一级的水晶，才是A级水晶。这种水晶里面同样有云雾状或棉絮状的杂质，与此同时，表面也会有一些肉眼可见的伤痕。这种伤痕可能是天然形成的，也可能是人为撞击而成的。

AB级·雾里看花

如果说AA级与A级的水晶称不上完美的话，那么在观赏AB级的水晶则完全可以称为"雾里看花"了。与AA级水晶不能超过2~3cm

的云雾状或棉絮物相比，AB级水晶的云雾状棉絮物则呈现出长条大片的状态。

除了这些云雾状的棉絮物之外，在水晶内部还会有一些细小的裂痕，或者是人为造成的撞击痕迹。只不过，这些痕迹都十分微小，虽然肉眼可以观察得到，但并不算十分明显。

未加工的微瑕白水晶

B级·伤痕的印迹

比AB级水晶再低一等的，就称为B级水晶。这种水晶近乎一半以上都呈现出雾状或棉絮物。最主要的，从这种级别的水晶表面能够看到大的冰裂痕，这种痕迹不仅肉眼可见，甚至可以用指甲感受到它的存在。

C级·内含物的忧伤

水晶中级别最低的一种，被称为C级。这种水晶天生具有残缺之美，可以说，C级水晶几乎遍布大的冰裂痕，仿佛随时都会碎裂开一般，或者整体都呈现云雾状半透明或不透明的状态。

不过，有一些内含杂质的水晶，反而比毫无杂质的水晶价格更高。那就是水晶中的杂质天然形成传说中人物的造型，比如佛像、星座、生肖等图案。这类水晶的价值，反而会比同等颜色或净度的水晶的价值更高。

带有天然冰裂的白水晶

第二节 千万种水晶,千万种辨别方式

有句俗话说:"千年玉,万年钻,亿年水晶地下藏。"这句话说得毫不夸张,因为水晶的形成条件比一般的石英都更加苛刻。

首先,水晶的形成,必须要有足够并且稳定的生长环境;与此同时,在水晶的生长环境中,还必须具备富含硅质矿物的热液,要略偏碱性,盐度还必须较低;在温度上,水晶的形成也有一定的要求,温度不能过于恒定,必须由低至高,从160℃~400℃,并且还产生2~3个大气压的压力,水晶的形成需要较长的时间。这是因为自然界的环境变化无常,水晶形成的原料、水质、温度、压力等条件也一直处于变化中,很难达到理想的状态。因此,我们能看到的

冰裂较多的天然紫水晶

水晶，动辄需要数百万年，甚至上亿年的时间，所以，这也是天然水晶的珍贵之处。

水晶是水的结晶，它纯净透明，清净美好，本身也充满了传奇色彩。不同种类的水晶，拥有不同的能量场；不同的人佩戴，也会产生不同的效果。

鉴别真假水晶的方法多种多样，而针对不同颜色的水晶，也有不同的鉴别方法，以及评判标准。

白水晶·如君子般淡泊

白水晶也被称为无色水晶，有透明状与不透明状之分。它的通透与纯净，给人以淡泊名利之感，因此也被人们称为"水晶中的君子"。

因为白水晶的纯净与淡泊，也使它成为佛教圣物，被称为"摩尼宝珠"。在水晶家族当中，白水晶的数量最多，分布最广，用处也最多，因此被称为"水晶之王"。

如果说水晶是大自然对于人类的馈赠，那么透明纯净的白水晶，则是这份馈赠中最珍贵

白水晶球

的一部分。大部分白水晶的内部，都生有冰裂或云雾，因此，一般完全通透的白水晶，大多是从原矿中直接切磨出来的，体积非常小。至于体积又大、晶体又通透的白水晶，则少之又少，堪称水晶之中的精品。

在辨别白水晶的真假时，应该掌握以下几个方面：

首先，可以从颜色来判断。天然的白水晶表面，应该呈现出淡青色的光泽。并且，白水晶内部应该含有"内包物"，或是一些亮晶片。这些天然形成的"内包物"形状各异，有的像云雾，有的如同山川，十分具有美感。

人造白水晶虽然剔透，却不具备淡青色的光泽，甚至看上去十分苍白。即使是晶体内的"内包物"，也呈现规则的椭圆形。如果是玻璃制成的"白水晶"，里面则完全没有"内包物"。

其次，还可以通过重量来鉴别。天然白水晶与同尺寸的人工合成水晶或玻璃制品相比，重量会相对较重。

最后，在透光性方面，也可以鉴别出白水晶的真假。因为天然水晶具备双折射性，所以在偏光镜下，天然白水晶每转动90°，都会呈现出明显的明暗变化，并且底下的灯光完全可以透上来，而合成水晶底下的光则透不上来，十分暗淡。至于水晶玻璃和熔炼水晶，干脆可以用黯淡无光来形容。

白水晶中的能量场，有助于清除负能量，令人注意力集中，记忆力提升。并且它可以帮助佩戴它的人挡住一些不良磁场的袭击，激发自身潜能的磁场，时刻保持最佳状态。

所以，白水晶最适合制成饰品供人日常佩戴，例如项链、手链等。

经常佩戴白水晶，可以让人的情绪变得平缓，内心变得宁静。一些商人也认为，如果将白水晶摆在店面显眼的位置，可以让生意兴旺；如果放在家里，还可以起到镇宅的作用。

如果是办公一族，可以将白水晶摆件放在办公桌上，帮助头脑清醒，从而提高工作效率。如果是喜欢静坐或冥想的人，更适合日常佩戴白水晶饰品，因为它可以使思维更加敏捷，产生更多灵感。

在家中摆放一些小型的白水晶簇，尤其是在电脑、电视机、微波炉等电器附近，可以减轻电磁波的辐射量，减少电磁波对人的干扰和伤害，起到保护人体的作用。

学生一族也同样适合佩戴白水晶，或是将白水晶摆件放在课桌上面。在光线中，白水晶会产生持续而又稳定的震荡，令人的头脑更加清醒，增强记忆力和理解力。

注意力不够集中的人，可以经常将水晶球握在手中，能够帮助收拢心神，令人的精神变得集中，做事情时更加专心致志。

在所有的水晶种类中，白水晶的磁场能量是最平稳、也是最纯粹的。它能够将所有色彩的能量综合起来，使人体内的能量变得更加平衡，同样也能够令人的心态变得更加平和，起到调养身心的作用。

因为白水晶是投射性的水晶，所以更适合佩戴在右手上。如果戴在左手上，则会扰乱水晶本身和周围的磁场。经过雕琢的水晶，能量比未被雕琢之前有所减弱，不过，水晶饰品一次性最多不可佩戴超过三条。

如果想要对白水晶进行净化，只需要拿到太阳底下晒半个小时，就可以起到净化的效果。

紫水晶·若隐若现的魅力

紫色既是魅惑的颜色,也是尊贵的颜色。中国人喜欢用"紫气东来"比喻吉祥的征兆,日本王室直到如今依然还在尊崇紫色。这是一种跨越了冷暖色调的颜色,给人以迷思与梦幻之感。因此,紫色的水晶,也会给人以富贵、幸运和神秘之感。

紫水晶装饰摆件

天然的紫水晶,因为富含铁、锰等矿物质,这才形成漂亮而又神秘的紫色。同样是紫水晶,色彩却有着或多或少的差异,从淡紫色、紫红色,到深红色、大红色,再到深紫色、蓝紫色。其中,又以深紫色和大红色的品质最佳。

天然的紫水晶,很少有纯净到近乎透明的品质,大多数晶体上都会有天然冰裂纹或白色云雾杂质。

在西方国家,人们也将紫水晶当作爱的守护石,认为它可以在爱人间赋予贞节、诚实以及勇气,让夫妻或情侣间的爱情更加深厚。在希腊神话当中,酒神巴克斯可以通过紫水晶,将外显的性爱活力转变为内敛的性爱情感,同时使其具有更强烈的爱情诱惑。

紫水晶的颜色差异,也可以成为判断其真假的标准之一。天然形成的紫水晶,因为受外界影响较多,所以在不同的珠子上甚至是同一颗珠子上,也会出现颜色不均匀的现象。在颜色区分比较明显的位置,甚至可以看到清晰的色带。即便是高品质的水晶饰品,晶体通透，裂缝很少，但仍然无法避免色带的出现。如果天然紫水晶可以呈现出颜色非常均匀的状态，则可以堪称紫水晶中的极品。

而人工合成的紫水晶，颜色则非常均匀，甚至近乎完美。只不过，这种毫无变化差异的色彩，显得有些单一，不够灵秀。

与其他颜色的水晶一样，紫水晶也可以通过温度来辨别其真假。如果将天然的紫水晶放在手心，会有一种冰凉的感觉。如果佩戴在身上，它的温度则会慢慢升高到人体的温度，并一直保持与人体相同的温度。

带有天然冰裂的紫水晶

合成水晶或玻璃制品虽然也能在手心感受到冰凉的感觉，但是，只要在身体上佩戴一会儿，很快就能感受到不同。它的温度会超过人体的温度，因此，这是一种非常简单而直接的鉴别方法。

另外一种辨别方法就是通过观察晶体内部状态来辨别。天然紫水晶晶体内部通常会有裂缝、絮状物，或其他矿物质的包裹体，而人工合成或玻璃制成的紫水晶，晶体内部只会观察到气泡。

还有一种比较专业的鉴别方法，是利用紫水晶的二色性。所谓二色性，是指一轴晶彩色宝石在两个主振动方向上呈现的两种不同颜色的现象。这种鉴别方式，需要借助二色镜。它是一种专门用来测试宝石二色性或多色性的仪器。通过二色镜观察，当自然光进入紫水晶时，会分解成两束震动方向相互垂直的偏振光，这两束光各自传播的方向不同。因为紫水晶对不同振动方向的光所吸收的程度不同，只要能将这两种振动的光分离开来，就能看到不同的颜色。

紫水晶的价值，可以通过以下几种方法进行判断。

首先，紫水晶的数量。出产的越少，价格当然也就越高；其次，通过晶体的净度判断其价值。如果是水晶球或水晶首饰，应该是越纯净，价值越高，但如果是观赏水晶，则要有一定的包裹体为好；再次，可以通过紫水晶的包裹体判断其价值，越是造型完整、色彩艳丽、寓意清晰的紫水晶，则越是上品；最后，则是通过工艺来进行判断。好的紫水晶，无论是饰品还是观赏品，造型上都应该讲究比例协调、主次分明，如果雕琢成形象，应该逼真为好。抛光应该光亮，并且没有划痕。

紫水晶是一种害怕高温和强光照射的水晶，因此不能像对待白水晶一样，通过日照的方式来净化；否则，紫水晶在高温下会褪色成黄色，但色彩并不纯正。因此，在日常佩戴时，应该避免高温环境，或者避免与高温的物体相接触。例如电烤箱、锅里的蒸汽、浴室里的水蒸气，等等。

紫水晶戒指

黄水晶·财富与运气的象征

黄水晶常常被人们称为水晶黄宝石,因为无论是亮度还是色彩,黄宝石都十分出色。它比黄玉还要更加晶莹剔透,做成饰品佩戴在身上,既华贵,又大方,因此也普遍被认为是财富与运气的象征。

人们常将黄水晶称为"财富之石",认为它可以给人带来财运。人们觉得,佩戴黄水晶,能增强气场中的黄光,既可以影响物质生活,创造意外之财,也可以令人更加自信。

其实,黄水晶并不像人们想象的那样,只要佩戴上就会财源滚滚、大富大贵,也不会真的立刻令事业步步高升。它的真正作用,

黄水晶灯饰

是能够让我们客观地面对别人对我们的批评，吸取更多有建设性的意见，鼓励我们走正确的路，不至于陷入负面情绪当中，改正骄傲自满的毛病。同时，黄水晶所散发出的气场，也能让人将眼前的局势看得更加清晰，从而对事业有所帮助。

黄水晶具有乐观开朗的磁场，可以让愤怒的心态得到平息，也可以鼓励人们从过去的消沉中摆脱出来。怯于表达自己的人，更适合佩戴黄水晶。因为黄水晶具备鼓舞士气的作用，增强一个人做事情的动力。

黄水晶的颜色从浅黄、正黄、橙黄、橄榄黄，再到金黄，可以分为很多种。纯天然的黄水晶十分稀少，因此价格也十分昂贵。

鉴别黄水晶的品质优劣，最基础的方法就是看水晶的色泽。其最高标准是色泽明艳动人，不带有灰色、黑色、褐色等其他色调。

最具有价值的黄水晶，应该呈现深橙色，从视觉上来看，它的颜色浓郁、淳厚，它的颜色有些类似古代皇帝的服装颜色。在古时候，平民百姓是严禁穿戴这种颜色的服饰的，因此这种颜色也给人一种尊贵之感。

有一些黄水晶，黄色中带有略微的绿色调，整体呈现柠檬色，视觉上更加鲜艳亮眼。这种水晶也十分受人喜爱，只要纯净度较高，不带有灰色、茶色等杂质色调，也会具备很高的价值。

不过，还有一部分黄水晶，是由紫水晶加热褪色以后制成的。这种水晶在市面上经常可以看到，颜色大多比较淡，色调有些单薄，没有美艳之感。这种黄水晶的价值自然没有天然黄水晶的价值高。

茶色水晶饰品

净度较高的黄水晶与红水晶

一些珠宝商也会通过辐照的方式，将一些颜色很浅的黄水晶变得更加艳丽。改变之后的颜色比较稳定，在正常的室温下是永远不变的，并且价格也相对便宜。

从材质上看，质量精良的黄水晶，应该看不到任何星点状、云雾状或絮状的气液包体。越是质地纯净、晶莹的黄水晶，越是上品。如果晶体上有深浅不一的断裂纹或者斑点，则品质稍差，也就是次品。

黄水晶是一种比较惧怕强光的水晶，因此不适合采用日照的方法对黄水晶进行净化；否则，强烈的光线会对黄水晶的表面造成损伤，导致其褪色或失去光泽。

如果想要对黄水晶进行净化，最好用黄水晶簇或黄水晶洞，也

风光水晶

可以用矿泉水或白水晶碎石对黄水晶进行日常净化。

虽然黄水晶的硬度可以达到7，但依然是害怕被碰撞的。因此无论是黄水晶摆件还是饰品，都要小心保护，以免造成裂痕。并且，也不能用强酸强碱一类的化学物质直接接触黄水晶，否则会让黄水晶表面失去光泽。

风光水晶·人与自然的桥梁

在水晶界，有一种奇怪的水晶，它是大自然鬼斧神工的杰作，不知大自然用怎样的技巧，将栩栩如生的画面融入水晶当中。人们将这种水晶称为风光水晶，每一块风光水晶当中都蕴藏着一幅天然的画卷，每一幅画卷都有其独到的意境。至于风光水晶与画卷之间的韵味，则要凭观赏者自己去理解。

读懂了这样的水晶，仿佛就读懂了大自然的密码，因此，人们也喜欢把风光水晶称为"人与自然的桥梁"。

有人说："世间万物都可以在水晶的包裹体里找到相似的缩影。"这样的说法虽然有些夸张，但也很好地诠释风光水晶的包罗万象。

只有用心去发现的人，才能找寻到与世间景物相似的风光水晶。曾经有人得到一块风光水晶，它的上半部是绿发晶体，下半部是红发晶体。绿色的部分宛如山中郁郁葱葱的植物，红色的部分又好似漫天的彩霞，或是火山喷发。这个人请一位水晶专家为这块水晶取名，最终得到了"太阳的故乡"这个逼真而又唯美的名字。

鉴赏风光水晶，主要是鉴赏水晶中所蕴含的意境。"意境"两个字，将观赏者与水晶完美地融合到一起，既包含观赏者的思想情感和理想追求，又包含水晶中天然画面所蕴含的境界。

人的情感与水晶的神韵，就在这鉴赏的过程中交融在一起，人与水晶的灵魂，通过这一幅幅天然的画面实现了完美的沟通。

鉴赏风光水晶，就是寓情于景。大自然的恩赐，丰富多彩，风光水晶的种类，也各色各样。有的风

内涵矿物质的水晶手链

光水晶，宛如一幅立体的画卷，有的则仿佛一首无声的诗歌，有的则像文字的缩影。无论是哪一种风光，都是大自然赐予人类的永恒纪念。

鉴赏风光水晶，包含几个方面，简单概括起来，就是"气、势、情、韵、灵、神"六个字。

所谓"气"，是指水晶中所蕴含的生气、气质。这不是一种没有生命的情感，而是能够令鉴赏者感觉到的流动性的物质，也可以将其称为风光水晶的精神或特色。

每块风光水晶的画面，都会表现出不同的气质特征，尤其是天然形成的景物，具备生机盎然的特征，鉴赏者见到这样的风光水晶，精神会为之振奋。

所谓"势"，是指风光水晶中所蕴含的力量。这种力量是超凡脱俗的，因为有了这股力量，才令人感觉到它的奇特。与此同时，"势"也不仅仅是力量的体现，它还体现了事物的变化规律和发展方向。不同的风光水晶，表现"势"的方式也不相同。就像人一样，有的懂得隐忍，有的则愿意将自己的情感完全表露出来。

所谓"情"，是指风光水晶自身的情感，以及蕴含在其中的情趣与情调。这份"情"，要靠鉴赏它的人去挖掘。是否能完全感受到风光水晶所表达出的情感，完全要看鉴赏者的审美水平。

鉴赏者不应将风光水晶当成一块普通的水晶来看待，而应将它进行人格化，这才能发现它的赏心悦目之处。

内含矿物质的风光水晶

风光水晶吊坠

所谓"韵",是指五种要素,包括"形""色""质""纹""呈像"。这五种要素交织在一起,会呈现出一种类似音乐般的旋律感和节奏感。尤其是观赏风光水晶中的色调变化、纹理结构变化、形体变化等,都仿佛在欣赏一首旋律多变的交响乐,更加让人能够感受到风光水晶的生机盎然,以及它的韵律。

所谓"灵",是指风光水晶的灵气。每一块风光水晶,都笼罩着一股游动的灵气,人们认为,这就是风光水晶的灵魂所在。

所谓"神",是指风光水晶中的画卷是否足够传神,也就是所谓的神似,这也是风光水晶的生命力所在。每一块风光水晶,都有不同的神韵,有的慷慨激昂,有的翩然雅致,有的活泼跳跃,有的平静如水。

结合风光水晶自身的这些特点，鉴赏者在鉴赏时应该将主观情感与客观现实相统一，尊重风光水晶天然形成的规律，挖掘其所蕴含的艺术感染力。

其他水晶·在五光十色里绽放

水晶种类繁多，除了以上提到的几种比较具有代表性的水晶之外，还有茶晶、墨晶、发晶等品种。不同颜色的水晶，蕴含着不同的情感，具有不同的象征意义，也有不同的磁场。水晶的世界，是一个五彩斑斓的梦幻世界。徜徉在水晶的海洋里，才能够感受到人生也如同水晶般绚丽多彩。

茶晶

在有色水晶当中，茶晶的分类可谓是最多的。按照颜色的深浅，分为烟晶、茶晶、墨晶，不过，这三种水晶统称为茶晶。

其中，烟晶呈现烟灰色、烟黄色、黄褐色或是褐色，如果色泽均匀，晶体内部没有棉絮状或裂痕，则为上品。

深褐色的则称为茶晶，它是一种具有放射性的水晶，能够放射出稳重的能量。它的颜色是因为受到天然辐射而形成的，因此会出现深浅不一的效果。

茶晶中颜色最深的，被称为墨晶，也就是有些类似黑色的水晶。不过需要注意的是，墨晶中的主要成分是铝离子，因此要尽量避免入口。

茶晶的功效很多，尤其是制成随身佩戴的饰品，可以起到护身

天然茶色晶石

天然茶色晶石

符的作用。需要注意的是，茶晶饰品应该佩戴在左手上，这样才能够有助于过滤体内的浊气。同时，它也可以帮助人们理清思绪，让思维变得敏捷，工作起来更加有效率。

茶晶是一种稳重的水晶,它能让人的情绪变得平和。与此同时,它也是一种能够促进人体再生能力的水晶,帮助人体增强免疫力,减缓老化速度,令细胞活化。

发晶

有一种水晶,晶体内部含有细长的物质,这种水晶不需要过多地加工,看上去就已经十分美丽。因为晶体内包裹的物质像头发丝一样,所以这种水晶也被称为发晶。

那些类似头发丝的包裹物,其实是不同种类的针状矿石,其中包括金红石、阳起石、黑色电气石等。

晶体内包含的针状矿物质呈现出什么颜色,便会被称为什么颜色的发晶,例如含有金红石的发晶就被称为"红发晶",含有黑色电气石的则被称为"黑发晶",含有阳起石的则被称为"绿发晶"。

天然发晶中的"头发丝"多呈现出平直丝状,也有一些呈现出弯曲状的细小发丝,以放射状或束状无规则状分布。有些发晶在加工之后可以呈现出猫眼效应,也就是在水晶的弧面上出现一条明亮并且具有一定游动性的光带,宛如猫眼细长的瞳孔一般,这种发晶属于发晶中的精品。

在国外,发晶还有"维纳斯发石"的美誉,它也是一种财富的象征。

发晶的鉴别方式比较简单,天然发晶中的发丝,不可能完全朝一个方向走,粗细也不会完全相同。世界上没有一模一样的发晶,并且,目前市面上销售的发晶大都是天然发晶。

不过,也有一些发晶是通过人工合成的方式制成的。这样的发

发晶貔貅吊坠

天然茶色发晶

发晶手链

晶一般呈现黄褐色或红褐色,仅凭肉眼观察,就能发现里面的发丝呈现相互平行的状态。如果借助放大镜进行观察,可以发现晶体内的发丝为一系列方向一致、一头大一头小的钉管状包裹体,管内还有颜料填充,空管横断面为三角形。至于假的水晶,里面则有像麦芽糖一样的气泡。

发晶的能量十分强大,可以增强人的气势、冲劲与胆识,令人变得果敢。并且,发晶也有招财的寓意,象征着吉祥、财富、权力、地位。它所蕴含的磁场,对人体的筋骨和神经系统也有好处。

水胆水晶

在水晶界,还有一种被称为"水胆水晶"的水晶。这是一种非常罕见的品种,其晶体内包含着用肉眼就可以观察到的天然成矿水溶液的包裹体，而且这种水晶也被认为是稀世珍宝。

水胆水晶的形成条件十分特别，它是在水晶形成的过程中，瞬间有气体、液体或石墨微粒进入其中。而水胆水晶中的液体，来自千万年前，因此，被称为"圣水"一点也不为过。

因为水晶中的液体形似动物的胆囊，因此也就有了"水胆水晶"这个名字。液体中的气泡，还可以呈现流动状态，如果水晶中包含的气体、液体或固体呈现出彩色，则是十分罕见的品种。

在清代的宫廷当中，就曾经有一块拳头大小的水胆水晶。这块水晶为双锥36面体的子母烟晶，晶体内包含七彩及十个彩虹水胆体，并且呈现出龙凤图案。晶体内部的红色包体还可以由固体转变为可流动的液体，因此当时宫廷中的人称这块水胆水晶为"通灵妙玉"，是当时的国宝。

随着科技水平的发展，就连水胆水晶也可以通过造假而得到。因此，想要鉴别水胆水晶的真假，首先要观察其雕琢之后的成品是否有瑕疵。按照常理来讲，天然形成的水胆水晶是不可能一点瑕疵都没有的，越是完美的外观，就越是值得怀疑。

并且，天然水胆水晶的内壁，一般都会有略微发黑的地方，或是有水晶结晶体，这是水胆水晶在天然形成过程中留下的痕迹。

蔷薇水晶

蔷薇水晶是一种象征爱情的水晶，晶体呈现粉色，因此也被称为粉晶，或芙蓉晶、芙蓉石等。

蔷薇水晶中的粉红色，是由微量的钛元素构成的。它的质地很脆，稍具透明度，晶体质感比较圆润，色泽也十分娇嫩，真的就如

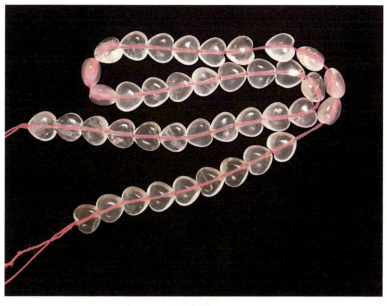

粉水晶

同蔷薇花或芙蓉花一般。这一特点也可以作为判断蔷薇水晶价值的标准,好的蔷薇水晶,没有任何白色的石纹,颜色也娇嫩明亮,晶体表面给人一种水分饱满的感觉,仿佛油脂一般温润。

  蔷薇水晶还可以分为普通粉晶、冰种粉晶和星光粉晶三个种类。

  其中,冰种粉晶的通透性更强,有着冰一样的沁凉质感,内部的天然云雾和冰裂纹较少;星光粉晶则既没有石纹,也没有裂纹,呈现出略微粉白的质感,却并不明显。在光线下方,可以看到六道明显的光芒,如同星光一般。

粉水晶手链

  想要鉴别蔷薇水晶的真伪，可以通过内包物和手感两个方面来鉴别。一般来讲，天然蔷薇水晶的内部大多会含有内包物、天然冰裂纹、云雾或色带变化。而人造蔷薇水晶则几乎可以用完美无瑕来形容。

  如果通过手感来判断，纯天然蔷薇水晶会产生冰凉的手感，并且有分量感。合成水晶则略有温度，分量也较轻。

  蔷薇水晶同样也是一种害怕高温的水晶，在高温之下会褪色成

白水晶、粉水晶、紫水晶搭配

绚丽的蔷薇水晶

第三章 鉴别·认识五彩斑斓的水晶

白色。因此最好避免采用日晒法对蔷薇水晶进行净化。

石英猫眼

这是一种含有大量平行排列的纤维状包裹体的水晶，其弧面可以呈现出猫眼效应，因此被称为猫眼水晶，又称石英猫眼。优质的石英猫眼，很像金绿宝石猫眼，也有蜜黄色的石英猫眼，其光带清晰，十分明亮。

第三节 水晶的工艺鉴别

从一块天然的水晶原石，变成一件精美的水晶饰品或工艺品，需要漫长而又复杂的过程。每一个环节，都经不起一点差错，稍不留神，或手法稍不精湛，一件精品就会变成残次品。

水晶加工的第一个步骤，就是开料，将整块材料用大锯片，以高速锯出所需要的形状和大小。

开料之后，就要对水晶原石进行抛光，这也是决定水晶制品身价的重要步骤。通过金刚砂，对水晶进行打磨。如果这一环节完成得比较粗糙，就会在水晶表面留下摩擦的痕迹。如果这一环节完成得精细，水晶制品就会呈现出自然的透明度与光泽度。

接下来的步骤，就是将水晶原石打造成水晶制品的最关键步骤。一般来讲，这一步骤分为两种方式，分别是磨工和雕工。像水晶项链、手链、耳环等饰品，都是通过研磨工艺制成的；而像观音像、鼻烟壶等水晶制品，则要通过雕刻工艺才能完成。

水晶雕刻是一项非常考验功底的加工方式，虽然现在通过机器雕刻文字和图像的方式已经非常普遍，但手工雕刻水晶，还是一种值得传承的工艺。

都说钻石看切工，玉石靠雕琢，更精致的工艺，也会产生更高的价值。水晶也是如此，对于大自然给人类的馈赠，必须要以一种更加虔诚的方式，将人类的智慧与自然的灵感完美地结合到一起。

平面雕刻·以砂轮为笔，以水晶为轴

平面手工雕刻水晶最主要的工具就是砂轮，等于以砂轮为笔，以水晶为轴来进行艺术创作。这种创作也可以分为几个种类。

浮雕：这是一种更加近似于绘画的雕刻形式，这种方式极具凹凸感，能够将雕刻的内容压缩在一个平面上观赏。根据不同深度的凹凸起伏，还可以分为深浮雕和浅浮雕。

透雕：也被称作透空雕或镂空雕。这种雕刻水晶的方式没有底面，是将与造型无关的部分完全去掉，将实形以外的虚形充分进行利用，将可视空间的深度尽情放大，让水晶制品更有空间感。透雕也分为平面透雕和立体透雕两种，还可以分为十字透空雕、圆形透空雕，以及有纹饰透空雕。

镂雕：与透空雕不同，这种雕刻方式是将水晶原材料镂空，其

中又分为深镂雕和浅镂雕两种。深镂雕的工艺更适合水晶花瓶、水晶笔筒、水晶鼻烟壶等制品,而浅镂雕的工艺则更适合水晶笔洗、水晶烟缸等制品。

线雕:这种工艺是在水晶料子上刻出阴线或阳线作为造型手段,根据需要,可以在水晶上刻画出深浅、粗细、疏密不同的线条,如同绘画一般。从古至今,线雕在水晶雕刻的运用中十分广泛。

圆雕:这种雕刻手法也被称为立体雕,其雕塑出的作品完全立体,却也是水晶雕刻中最基本的技法之一。一般来讲,圆雕手法大多从前方开始雕刻,之后再按照前、后、左、右、上、中、下的顺序,进行全方位的雕刻。一件好的水晶圆雕作品,应该使每个角度和方位都达到和谐统一。圆雕一般不带背景,从各个角度都可以对作品进行欣赏,感受水晶制品的逼真与传神。

水晶内雕·激光爆裂中勾勒的艺术

水晶内雕是用激光机将一定波长的激光打入水晶内部,令水晶内部的特定部位发生细微的爆裂,形成气泡,从而形成想要的造型的一种工艺。

与手工雕刻不同,水晶内雕是通过电脑操控激光内雕机来完成的。并且,这种工艺更适合人造水晶制品或玻璃制品。

激光内雕技术可以将图案雕刻在水晶的内部,既可以雕刻出平面的图案,也可以雕刻出立体的图案。可以说,这是一种神奇的工艺,可以"打入"水晶内部,从而改变水晶的原有形态,而水晶制品的外部完全没有任何开口。

水晶内雕

  之所以用激光对水晶进行雕刻，是因为激光可以产生大于水晶阈值的能量密度。它可以在同一位置产生极大密度的能量，只要通过适当的聚焦，就可以使激光的能量密度在水晶玻璃到达加工区之前，产生低于水晶的破坏阈值。在极短的时间之内，激光就可以产生脉冲，脉冲的能量能够在瞬间使水晶受热、破裂，产生极小的白点，在水晶的内部雕刻出想要的形状，而其余的部分则保持完好无损。并且，随着激光内雕技术的发展，彩色内雕也很有可能会实现。

  水晶立光机，是进行水晶彩色内雕时必不可少的工具。这种机器可以令水晶作品的色彩更加丰富，因为它完美地利用了水晶内雕部分对光线的强烈反射以及折射作用，并且，没有经过雕刻的空白部分则对光线具有较好的通透性。

与此同时，由微控制电路按照三基色调色板的原理，对集中色彩的灯进行控制，使水晶内雕的图案达到混色的效果，从而呈现出绚丽的色彩。这样一来，水晶内雕的图像就再也不是单一的白色，而是可以呈现出五彩缤纷、光彩夺目的效果。

第四章

赏析·石海中寻找
发光的你

第一节　高傲的水晶有高贵的出身

晶莹剔透的水晶，被懂得欣赏它的人比喻为"少女的眼泪"。它是那样纯洁，纯洁得让人心生怜爱；它也是那样高贵，高贵得让人不忍心触碰；它是那样高雅，高雅得让人只愿远远地欣赏，不忍

璀璨的黄水晶装饰

心将它亵渎。

真正爱水晶的人，在欣赏水晶之余，还是希望能够将它收入囊中。因为喜爱，人们想要拥有它的欲望就会不断地加深。人们将水晶摆放在家里，佩戴在身上，时时刻刻都能感受到它的天生丽质，欣赏它夺目耀眼的璀璨光芒。

每一颗水晶，在漫长的形成过程中，都见证了地壳的成因，忍受了地壳的压力与温度的洗礼。当它离开地底重见天日，又开始向这个世界释放善意的能量。

不是每一个地方都适合水晶的生长，即便是那些适合水晶生长的地方，也会因为自然环境的不同，让水晶产生各种各样的差异。

世界上最优质的水晶，大多出产于三个地方，分别是中国、巴西以及奥地利。

1. 中国·东海之滨的水晶原矿

中国江苏省东海县，有着"世界水晶之都"的美誉。东海水晶，因为蕴藏量大，质地纯正而举世皆知。从古时起，民间就流传着"东海水晶甲天下"这句话。事实证明，这句话毫不夸张，东海水晶的储量，大约为30万吨，无论从质量还是储量，都位居全国之首。

水晶不仅形成时间漫长，对于地理条件的要求也十分苛刻。即便是有水晶矿藏的地方，也不一定能孕育出高品质的水晶。而东海的水晶不仅储藏量高，而且质量好，是得益于这里得天独厚的条件。

植物的生长需要种子，其实，水晶的形成也需要"种子"。

晶莹剔透的白水晶挂件

只不过,水晶的"种子"并不是植物的果实,而是一种被称为"籽晶"或者"晶芽"的矿物质。在中国东海,拥有大面积的变质岩,很多石英颗粒就包含在变质岩当中,成了水晶生长的种子。

栽培植物,需要定期浇水、施肥,水晶的生长同样也需要营养液,它是一种富含二氧化硅的溶液。如果不使用这种营养液,水晶根本无法生长。而我国东海西部因为拥有大面积的岩浆,在形成后期,岩浆就会产生大量富含二氧化硅的溶液。

如果仅有这一种营养液,东海水晶矿藏也不会如此丰富、如此高品质。另一个秘诀在于,东海的大面积变质岩在变质进程中,形成了大量富含二氧化硅的变质热液,这就等于喂水晶吃上了"小灶"。有了这些营养液的浇灌,东海水晶的产量和质量才能居于世界前列。

紫水晶原石

然而,仅仅是营养液的含量丰富,也是远远不够的。如果没有合适的渠道将这些营养液输送给水晶,水晶也无法高效地生长。我国江苏省东海县地处郯城至芦沟大断裂构造的东侧,拥有非常发育的次级断裂构造,这些都成了输送水晶营养液的管道。

水晶的生长需要很大的空间,空间越大,水晶才能生长得越大。一般来讲,水晶大多生长在洞中,也就是晶洞。从地质学的层面来讲,晶洞大体可以分为两种:一种散布在断裂构造的交错、拐弯或者膨大部分;另一种则是由于溶蚀形成的晶洞。我国东海的晶洞,大多都是溶蚀形成的。这种晶洞里面出产的水晶,无论质量还是尺寸都十分上乘。

水晶生长的最后两种条件,就是温度和压力。这两种条件缺一不可,只有温度达到400℃左右,大气压力高于1kPa,水晶才能形成。

白水晶洞

因为满足了以上种种条件,东海的水晶才具备其他地区出产的水晶所不具备的优势。东海水晶含二氧化硅的比例高达99.99%,硬度更大,晶体更加通透。这里出产的水晶种类也很多,包括白水晶、浅紫色水晶、茶晶、浅黄色水晶等等。

从1991年开始,我国东海还专门成立了"中国东海水晶节",每两年10月前后举办一次,每次历时10天左右。在"中国东海水晶节"期间,会举办大型的文艺晚会拉开序幕,紧随其后举行的水晶精品拍卖、全国楹联大赛、东海少儿版画展、水晶雕刻品大赛等等，都让人充分感受到了水晶的深厚内涵和无限的魅力。

2. 巴西·最丰富的水晶宝地

巴西同样是一个水晶矿藏丰富的国家。最出名的就是高品质的紫水晶，并且巴西是目前世界上最大的紫晶洞产地。

数百万年以前，巴西南部火山活动频繁，随着火山爆发，大量的火山岩浆涌出。经过数百万年的堆积，最终形成了大量的高品质紫水晶。

在巴西生产水晶的地方，堆积着大量的玄武岩。几百万年前，火山爆发时喷射出的岩浆热液在玄武岩的气孔中形成了宝贵的水晶。因为在水晶结晶的过程中包含了大量的铁离子，所以就呈现出紫色。

如今在巴西，有超过200个矿区。每个矿区的开采年限大约在15年左右，每个月开采出的紫水晶数量为3吨左右。

巴西最主要的水晶资源，分布在东南部的米纳斯吉拉斯地区。这里出产的紫水晶，种类多样，颗粒极大。并且这里的水晶外形大多呈山状，颜色呈现淡紫色或带有黑色。如果从紫水晶的品质来看，巴西南部出产的紫水晶更加优质，颜色相对较深，也更加艳丽。

关于紫水晶，还有一个浪漫的传说。相传酒神巴克斯与月亮女神塞勒涅发生争执，因为愤怒，派凶狠的老虎去复仇。在复仇的过程中，一名参见塞勒涅的少女梅希斯特突然出现。塞勒涅为了避免少女死于虎爪之下，就将她变成了一座纯净无瑕的水晶雕像。酒神巴克斯见到这座少女雕像之后，对自己的行为感到深深的懊悔。他忏悔的眼泪落在了水晶雕像上，立刻将其染成了紫色。

红水晶饰品

黄水晶

粉水晶

在巴西的高原地区，有许多含水晶石英脉型的硅质岩石，它们大多是由于古生代及前寒武纪时期的地壳运动产生的。与我国东海水晶的形成过程有些相似，巴西的水晶也是因为岩浆热液进入地壳运动造成的裂隙之后，逐步冷却开始结晶。

在巴西的许多高原地区，在地表浅处就可以开采到水晶。因此，这里的水晶开采成本很低。

除了最著名的紫水晶之外，巴西也生产一些其他种类的水晶。例如无色水晶和粉水晶，在吉拉斯州就有大量出产。巴西人经常会自豪地说："巴西是上帝赐予我们的。"这是因为巴西拥有丰富的物产，其中就包含丰富的水晶矿藏。

巴西是一个富有浪漫气息的国度，这里出产的水晶，也无形中增添了一抹浪漫的色彩。紫水晶受热之后，就会褪色成黄水晶，因此巴西除了盛产紫水晶，同样也出产黄水晶。

巴西的黄水晶，晶体十分剔透，几乎没有任何瑕疵，并且呈现出均匀完美的橙黄色。如此高品质的黄水晶，十分稀有，因此价格也相对昂贵一些。这里甚至还会出产一些宝石级的黄水晶，这样的黄水晶不仅颜色均匀，晶体剔透，并且没有任何杂质，简直可以用完美来形容。

水晶耳饰

巴西的黄水晶颜色十分丰富，无论颜色深浅，都充满了热情的气息，就像热情洋溢的巴西人和巴西的桑巴舞一样。最受人们欢迎的，是橘黄色的黄水晶，价值也相对较高；价格稍微低一些的黄水晶，颜色呈现橙黄色。不过，即使是颜色并不均匀的黄水晶，也同样受到世界各地的水晶爱好者的喜爱。

3. 奥地利·人工VS自然，看谁能笑到最后

近年来，奥地利水晶也开始备受推崇。尤其是施华洛世奇水晶的兴起，让人们将奥地利水晶与时尚紧密地联系在一起。

不过，很多人并不知道，奥地利水晶其实并不是天然水晶。所

天鹅造型的奥地利水晶

谓的奥地利水晶，其实是奥地利的一种铅玻璃工艺技术。其最主要的工艺，是在制造玻璃工艺的技术上加上了铅的技术，令制作出来的产品出现水晶的质感，因此才被称为奥地利水晶。

在施华洛世奇水晶出现之前，并没有奥地利水晶这个称谓。施华洛世奇公司因为切割各种玻璃制品以及一些中低档宝石而闻名，也渐渐成为全球规模最大的仿水晶石制造商。在施华洛世奇水晶进入中国市场之后，则被冠上了"奥地利水晶"的称谓。

虽然奥地利水晶并不是天然水晶，不过，其制作工艺也十分烦琐。因为所有采用的原料全部是天然材质，所以做成大件摆件所需要的成本非常高。不过，奥地利水晶摆件的通透性很强，没有任何杂质，十分精致高雅。只不过，因为工艺太过烦琐，所以奥地利水晶的大件摆件非常少，大多都是以小的水晶饰品或小巧的摆件出现。

　　因为做工精良、造型精致，奥地利水晶也成为高雅的象征。越来越多的人喜欢购买奥地利水晶饰品来佩戴，于是市面上也出现了许多仿制的奥地利水晶。

　　想要鉴别奥地利水晶的真假十分简单，只要将产品放在灯光下即可。真正的奥地利水晶，光泽度非常好，在灯光下可以出现七彩光，并且，奥地利水晶的大小非常匀称，切割均匀锋利，棱角也很分明。

　　假的奥地利水晶，不仅大小不均匀，光泽度也很一般。有些仿制得比较好的产品，在灯光下也有光彩，不过不会出现七彩光。

　　奥地利水晶不仅有各种颜色，还有各种形状。人们将其佩戴在身上非常漂亮，的确如同水晶一般闪闪发光。这种水晶制品的价格从

蓝色天鹅造型水晶

几十元、几百元到几千元价格不等,价格完全取决于产品的类型。

在世界上,奥地利水晶已经成为首屈一指的水晶种类。在时尚界,每年都有大量的奥地利水晶制作成时装配件、首饰、水晶灯等制品。每一件奥地利水晶制品,都十分璀璨夺目,因此,许多女孩都希望自己能够拥有一两件由奥地利水晶制成的饰品。

虽然奥地利水晶并不是真正的天然水晶,但在很多人心目中,它是高贵和优雅的代名词。佩戴奥地利水晶制成的饰品,不仅可以为美丽加分,还可以提升人的品位。让人们拥有对美好生活的向往,以及更加快乐的心灵,就是奥地利水晶存在的意义。

在奥地利西部位于因斯布鲁克近郊的瓦腾斯镇,有一座世界上最大、最著名的水晶博物馆。其实那里就是施华洛世奇公司的总部,展出了世界上种类最全的各类水晶石、最华贵的水晶墙、最美丽的水晶艺术品。

在这座水晶世界的入口大堂,有一块高达11米,宽42米的水晶墙,这也是世界上现存的最大的水晶墙,总共由12吨水晶石制成。

出自世界各地大师之手的水晶作品,就陈列在大堂之中,其中包括巨大的十字形黑水晶,水晶马鞍和重达30万克拉、有100个切面的世界最大人工切割水晶——世纪水晶,还有一枚直径仅8毫米、有17个切面的世界最小人工切割水晶。

奥地利水晶的珍贵之处,在于每一位艺术家超乎于想象的创造力。他们用自己的创意为奥地利水晶赋予了灵魂,让每一件奥地利水晶制品都能给人以精灵般的梦幻感觉。

奥地利水晶是一项创意与视觉碰撞而成的艺术品,艺术家为其赋予的灵魂,总是让欣赏它们的人忍不住啧啧称奇。

有人说人工制成的水晶没有天然水晶的价值高,但奥地利水晶打破了这种常规。究竟谁比谁更好,相信每个人都有属于自己的看法。

 ## 第二节　外美内秀·水晶的真假和选择

喜欢水晶的人,总是梦想能够找到一款完美的水晶制品。许多造假者就是抓住了水晶爱好者的这种心态,以各种手段做出各种各样的仿制水晶,令购买者很难区分其中的真假。

想要购买到一款心仪的天然水晶制品,就必须学会一些区分天然水晶与仿制水晶的方法。

最简单的一种方法就是用光照的方式来鉴别。将水晶放置在阳光之下,如果是天然水晶,无论从哪个角度看,都能释放出瑰丽的色泽。这一点,假的水晶就完全做不到。

还有一种更适合普通人使用的鉴别方法,就是用舌头去舔水晶。天然的水晶即使是在夏天最炎热的时候,也能通过舌尖感受到冰凉的触感。如果用舌头去舔假的水晶,则完全感受不到这种感觉。

透光后的水晶散发温和靓丽的光芒

真假水晶之间的区分,还体现在硬度上。天然水晶的硬度很大,即使是用一块碎石在水晶上面划过,也不会留下痕迹。但如果是用碎石划在假水晶上面,则会留下清晰的痕迹。

对于稍有经验的人来说,用肉眼观察,就能够分辨出水晶的真假。将水晶对着太阳去观察,如果是天然水晶,在形成过程中,难免会受到自然界的影响,产生或多或少的杂质。因此,天然水晶在太阳下呈现的状态,应该有一些淡淡的、均匀而又微小的横纹,或者是棉絮状的物质。而假的水晶,大多是通过残次的水晶渣,或者玻璃渣熔炼而成,之后再通过打磨、加工、着色等手段,仿制成水晶的样子。因此,这样的水晶没有均匀的条纹,更没有棉絮状物质的存在。

另外的几种鉴别方式，则要借助一些专业工具，或其他物品来完成。最简单的方法，就是借助头发丝来对水晶进行鉴别。将水晶放置在一根头发丝上，通过肉眼来透过水晶去观察头发丝的影像。如果头发丝呈现出双影，则意味着是天然水晶，反之则是假水晶。这一鉴别方法，主要是利用了水晶的双折射性质。

我们还可以将水晶放置在十倍放大镜下面，用透射光进行观察。纯天然的水晶在放大镜下没有任何气泡，如果能看到气泡，则可以断定是假水晶。

比较专业的鉴别方法，则是利用偏光镜或是热导仪进行鉴别。天然水晶在偏光镜下，转动360°的过程中，会有似明似暗的变化，而假水晶在转动的过程中没有丝毫变化。

如果将热导仪调到绿色4格测试，天然水晶能够上升到黄色2格，假水晶则不上升，或者只上升到黄色1格的位置。

许多人只知道水晶有真假之分，却不知道假水晶也有人工合成水晶和玻璃制品的区别。

内含气泡的假水晶

人工合成水晶的成分与结构，与天然水晶完全相同，并且水晶的内部也非常洁净。如果光靠肉眼，或是一些便携式的仪器，很难鉴别出来。即便是在实验室里进行鉴定，也必须借助一些大型仪器才可以。

如果人工合成水晶的内部十分纯净，没有一丝杂质，完全可以和AA级水晶相媲美，那么其鉴别难度就更高。

有人认为，可以从温度上来判断究竟是天然水晶还是人工合成水晶。那就是把水晶放在常温下，待其温度稳定之后，用手感觉水晶的冰凉程度。按照常理，天然水晶应该更凉，而人工合成水晶则会有一些温度。

不过，这种鉴别方法的误差较高，尤其受天气和环境的影响很大。在温暖的季节里还勉强可用，如果是在寒冷的冬天，则完全没有判断价值。并且，不同的人对于温度的感觉也有差异，因此这种鉴别方法不足以采用。

未加工的天然水晶石

人工合成的绿水晶

不过，人工合成水晶也并非完全不可判断，只要是出现以下特征之一，就可以判定其为人工合成水晶。

第一种特征是，在水晶内部可以看到许多细小的灰色或白色的小点点。这些小点点沿同一个平面或几个平行的平面分布，而晶体的其余部分又非常干净，这就可以断定，这一定是人工合成水晶。

第二种特征是，在人工合成水晶的内部，有时候会出现一些空管状的包裹体。这些包裹体是非常细小的，分布也大多是平行的。只不过，这些空管有可能会呈现一头大一头小的钉子状，有时候甚至会一直通到表面。这些空管状包裹体的形成原因，是在人工合成的过程中，留下的一些熔剂的残余。

第三种特征则是从颜色上体现。天然的水晶，基本上没有绿色的。虽然并不绝对，但绿色水晶尤为罕见。即便是市场上常见的绿幽灵和绿发晶等品种，也只有水晶内部的包裹体呈现绿色，水晶本身依然是透明无色的。因此，只要是晶体本身呈现绿色，大多都可以判断是人工合成水晶，水晶的颜色也是通过人工处理形成的。

比人工合成水晶价值更加低廉的，就是打着水晶旗号销售的玻璃制品。与人工合成水晶相比，玻璃制品的鉴别方式更加简单。

之前提到过可以用头发丝来辨别水晶的真假。如果水晶下方的头发丝依然还呈现出一根的影子，那就可以断定，这种所谓的水晶，其实是玻璃制品。

另外一种方法，就是通过气泡来鉴别。天然水晶内部是不会出现气泡的，只要出现气泡，无论大小，都可以断定是玻璃制品。不过，在通过气泡来鉴别水晶真假的时候，有一点需要注意，那就是天然的玉髓里面，也会出现圆球状的包体，看上去与气泡有些相似。不过只要仔细观察，就会发现天然水晶中的包体，表面的光泽

天然紫水晶

十分暗淡，而玻璃制品内部的气泡表面就很亮，还有反光。

最后一种方法就是通过外形来判断。天然水晶都是通过先磨制，后抛光，之后才成型的。因此，即便是圆球形的水晶，有时候也会呈现出不够圆的状态，甚至有些地方还会出现一些剩余的平面或者缺口。但玻璃制品一般是通过浇铸或吹制成型的，从外观看上去会十分完美。另外，还可以通过水晶上面的瑕疵来进行判断。天然水晶的瑕疵，大小不同，形状各异，而玻璃制品则会出现位置和大小、形状都完全相同的压痕，这些压痕是在铸造的过程中产生的。如果是吹制成的玻璃制品，则会出现螺旋状的纹路。

第三节 传统技艺·精雕细琢成就不朽

从开采水晶原石到制作成一件精美的水晶制品，中间要经历许多环节。每一个环节，都需要专业的技巧，尤其是那些采用中国传统工艺制成的水晶制品，其精美程度，堪称无与伦比。

1. 开料·与大自然的博弈

许多人都知道，翡翠在刚刚开采出来时，外面包裹着一层风化皮。人们无法知道里面的好坏，只有在切割之后，才能清楚翡翠的质量究竟如何。

因此，在翡翠界，便出现了一种叫作"赌石"的活动。隔着那层或薄或厚、颜色各异的原始风化皮，人们凭借肉眼对石头进行投资。如果运气好，可以十倍、百倍地赚钱；如果赌输了，也很可能会一夜之间倾家荡产。

颜色靓丽的紫水晶洞

水晶的开料，并不像翡翠赌石那么神秘，那么难以捉摸。水晶的原石，带有一定的透明度，只要借助一些类似光纤灯、手电筒、放大镜的常用鉴定工具，就能将水晶原石的颜色、透明度、瑕疵看得一清二楚。

在经过加工之前，水晶并不具备很高的价值。也就是说，没有经过加工的水晶石，最多只能被称为一块"矿物"而已。只有开料之后，才能令水晶产生更高的价值。

一块水晶原石如何切割，对是否能够造出想要的造型十分重要。这项工艺，没有一定的经验是根本无法完成的。因为在切割水晶石的过程中，必须要保证这块水晶产生出最大的出成率，也就是保证最大的总重量，以及最大可能地保留大颗宝石的胚料。

与此同时，还有一项关键的工艺，就是必须要考虑裂痕之间的交错。第一刀切割下去之后，经验丰富的切割师傅要能迅速并且科学地判断出后面几刀应该怎样切，才能最大可能地保持水晶的完整，同时避开裂纹。

上乘的水晶石原料，是可遇而不可求的。水晶的开料工艺，也能检验出一名切割师傅工艺是否精湛，出成率是否标准。

对于很多人来说，水晶开料都是一项极具挑战性的工艺，因为这项工艺要求切割师傅必须了解不同水晶的矿物构成以及晶体结构，如果不能很好地掌握这些特征，在切割的过程中很可能会将一块上乘的水晶原料变成一块不值钱的废品。

相反，如果切割师傅能够很好地掌握水晶的特性，就可以根据不同的原料结构，在开料的过程中扬长避短，将水晶最完美的一面呈献给世人。

2. 细刻·百年传承的手艺

水晶手工雕刻，是一种传承了百年的传统手工艺。它可以称为一种工艺，同时也可以称为一种创作，同样也是中国传统的非物质文化遗产之一。

飞鹰造型的水晶摆件

水晶雕刻，是一项需要兼具技艺与审美的工艺，也需要用一生的时间来沉淀、琢磨。一些优秀的水晶雕刻师，懂得取大家之所长，再结合自己的创作经验和心得，将不同颜色的水晶进行艺术的结合，令水晶雕刻作品呈现出更加新颖的艺术效果。

手工雕刻出来的水晶制品，是一件有灵魂的艺术作品。在人与水晶的交流过程中，水晶雕刻师可以与水晶进行无声的对话，找到为水晶赋予生命的方式。

以水晶佛像雕刻为例，大块的水晶原石经过切割之后，去除掉杂质和气泡部分，将纯净的水晶体保留了下来。之后就要由水晶雕刻师根据佛像的比例，对水晶原胚进行塑造。将衣服、头发、脸部、手脚等部位精细地雕刻出来，最终呈现出一座晶莹剔透、栩栩如生的水晶佛像。

一位合格的水晶雕刻师，应该有沉着的个性。只有多年与水晶打交道的人，才能对水晶有深刻的理解。与水晶的交流，也能帮助水晶雕刻师打下扎实的基本功，在雕刻的过程中，更加得心应手，游刃有余。

水晶雕刻是一种严谨的艺术，只有坚持让每件作品都达到艺术级别的雕刻师，才堪称一名合格的水晶雕刻师。与此同时，水晶雕刻师还要敢于打破常规，另辟蹊径，在水晶原有颜色的基础上，雕琢出栩栩如生的水晶制品。

3.抛光·摩擦的美学

为水晶抛光，也是一种艺术。一位好的水晶抛光师，不仅要具备娴熟的抛光技巧，更要具备美术功底以及一定的审美高度。

黄色发晶

即使是一件雕琢不够精细的水晶制品，经水晶抛光师的手也可以通过打磨令其变得更加细致。不过，在抛光之前，水晶抛光师要做的准备工作还很多。

首先，要对水晶制品进行仔细的审视，弄清楚雕刻师究竟想要通过这件水晶制品表达什么。读懂作品内涵的同时，也就与水晶雕刻师进行了一次灵魂上的沟通。

其次，要检查这件水晶制品的哪些部位是比较脆弱易损的，尤其是镂空部位，十分容易断裂。在抛光之前，就要做到心中有数，并且提前想好避免令水晶制品产生损伤的方案。

抛光的过程，大致可以分为粗磨、细磨、抛光和局部磨砂四道工序。

粗磨的方法，分为两种。一种是利用粗砂石直接打磨，另一种则是利用砂胶进行打磨。粗砂石比较适合较大面积的地方，砂石的削磨能力比较快，可以迅速将粗糙的地方打磨平滑。将面积较大的部位处理好，也就等于为接下来的环节打好了基础。

水晶制品那些比较细小的部位，需要利用砂胶来进行打磨。这项工艺需要三种工具，分别为碾砣、勾砣和尖针。

打磨相对面积较大的部位，需要用到碾砣；一些缝隙部位的打磨，需要使用勾砣；至于那些犄角旮旯的部位，则需要使用到尖针。也就是说，究竟采用哪种工具，完全取决于要打磨的部位，大部位用大工具，小部位则用小工具。

发晶貔貅

粗磨之后，就要进行细磨。利用1000目的油石，将粗磨时留下的砂痕、坑洼处搓掉、搓平滑。不过，这个过程也不是搓得越久越好，因为搓得太久，会对水晶制品造成伤害。打磨的时间和力度，完全要凭借抛光师的经验来掌握。

面积比较大的地方，则可以稍微有力一些，至于比较纤细的地方，就必须用轻柔的手法。并且，根据面积大小、凹凸的不同，使用的油石大小也要随之变化。只有经验丰富、手法熟练的抛光师，才能保证一件水晶作品在打磨的过程中不受到伤害。

并不是每一个部位都适合用油石来打磨，那些不能用油石来打磨的部位，则需要用柳木带碳化硼进行碾磨，这样才能将每一个角落都打磨到位。

粗磨和细磨之后，才进入真正的抛光环节。抛光所需要用到的工具和辅助材料，有圆毛刷、牛皮、竹签、柳木和抛光粉。第一个步骤，用大毛刷将抛光粉刷到水晶制品的表面，在不伤害到水晶制品的前提下，将每一个部位都刷上抛光粉，之后再用小毛刷，然后用牛皮压，最后用柳木和竹签处理犄角旮旯部位。

在抛光的过程中，会产生高温。而水晶比较脆，在遇到高温时很容易爆裂。因此，经验丰富的抛光师，可以掌握好升温的速度，避免长时间在同一部位碾压。

最后一个步骤，就是局部磨砂。水晶是一种清透的矿物质，需要通过局部磨砂的方式，让水晶制品显得更有层次和立体感。同时让亮的地方更亮，充分体现水晶的通透特性。

水晶佛雕

第四章 赏析·石海中寻找发光的你

4. 搭配·有一种美叫作混搭

自古以来，人们为纯净的水晶赋予了太多美妙的称谓。有人称它为"贞洁少女的泪珠"，有人称它为"夏夜天穹的繁星"，有人称它为"圣人智慧的结晶"，有人称它为"天地万物的精华"。

多种水晶搭配的手串

将水晶作为装饰品佩戴在身上，已经成为一种时尚的象征。不过，在对衣服与水晶进行搭配时，也要注意色彩的协调性。因此，了解水晶色彩搭配法则，可以帮助水晶爱好者找到自己的水晶协调色。

与红色水晶最相配的颜色是浅黄色，除此之外，奶黄色、灰色可以与红色水晶呈现出中性搭配的效果。需要注意的是，大红色与绿色、橙色、蓝色是相斥的颜色，因此一定不要这样搭配。

黑色水晶与白色水晶，同很多颜色都可以搭配，这两种颜色也是永远流行的颜色，可以称为"百搭色"，因此在挑选服装的颜色上不用有太多的顾虑。

相比之下，紫色水晶对于搭配颜色的挑剔程度就很大。它比较能够容纳淡化的层次，如果是较暗的纯紫色，只要加入少量的白色，颜色就会变得既柔美，又协调。如果白色加入得较多，则会随着白色量的增加产生出许多层次的淡紫色,每一层的淡紫色都十分浪漫、动人。

与浅蓝色水晶最搭配的颜色,同样是白色。这两种颜色搭配在一起,可以给人清爽、洁净之感。如果将蓝色水晶与黄色进行搭配,也可以产生出强烈的对比度,视觉效果也十分明快。不过,大块的蓝色最不适合与绿色进行搭配,因为这两种颜色会相互渗入,变成蓝绿色、湖蓝色或者青色。

如果佩戴深蓝色的水晶,一定要避免穿深红色、紫红色、深棕色或黑色的衣服。因为这些颜色无法与深蓝色产生对比度,也不会给人以明快的视觉,只会产生一种又脏又乱的感觉。

浅绿色的水晶,最适合与黑色进行搭配,如果是男性这样搭配,会显得更加稳重、有修养,女性则会显得更加美丽、大方。如果与白色进行搭配,则会产生减龄的效果;同时,浅绿色水晶也适

色彩艳丽的水晶项链

彰显优雅的蓝水晶项链

合与黄色搭配，二者相互渗入产生的黄绿色，会令人显得单纯而又年轻。如果与蓝色服装进行搭配，会形成一种略带灰色的绿色，这样的颜色会让人显得清秀，也会在视觉上产生一种宁静与平和之感；浅绿色水晶与深绿色的服装也是一种很好的搭配，会产生一种和谐、安宁的感觉。

如果佩戴深绿色的水晶，不建议与深红色或紫红色的服装搭配，这样会产生一种杂乱之感，让整个人显得不够整洁。

黄色水晶与黑色、紫色最为搭配，不仅是视觉上更赏心悦目，黑色与紫色还可将黄色水晶的力量衬托得更加强大。淡粉色与黄水晶同样十分搭配，不过这样的配色更适合年轻的女孩子，能够更加凸显出少女的清纯。黄色水晶与绿色服装搭配，会让整个人显得朝气蓬勃；黄色水晶与蓝色服装搭配，则会产生一种美丽清新之感；浅黄色水晶与深黄色服装搭配，则会让人显得十分高雅。

虽然白色几乎是一种百搭色，却不适合于淡黄色的水晶搭配。因为淡黄色水晶与任何浅颜色搭配，都无法起到醒目的效果。

深黄色水晶不能与深红色、深紫色、黑色服装搭配，会给人一种晦暗之感。

橙色是一种象征着热情与活力的颜色，橙色水晶最适合与浅绿色和浅蓝色搭配，形成的色彩会在无形之中给人一种欢乐之感；与淡黄色服装搭配，也会因为具备过渡感，让人感觉十分舒服。

绝对不能与橙色水晶搭配的颜色，是紫色和深蓝色，这样的配色会让人显得不干净。

除了与服装的颜色进行搭配，还可以将不同的水晶种类、颜色进行"混搭"。每一种水晶的磁场能量都不相同，如果搭配得当，可以产生"强强联合"的效应。

精巧的水晶饰品

黄水晶、幽灵水晶、紫黄晶搭配，可以增强"招财"的效果；白水晶与白幽灵或是粉晶搭配，可以起到改善睡眠的效果；红石榴石与发晶、茶晶、粉晶、黄水晶搭配，可以让彼此的能量磁场增强。

体质较差的人，适合佩戴虎眼石，不过却不适合佩戴能量巨大的钛晶；容易头晕的人，适合佩戴青金石、舒俱来石、白雾金字塔水晶、幽灵水晶，可以改善眩晕的状况。但是如果将这些水晶与虎

异域风情浓厚的水晶项链

眼石搭配在一起，就很不合适，这会让人产生冲动的效果，与头晕者所需要的镇静效果截然相反。

不同水晶之间的搭配，最重要的就是要区分每种水晶的不同磁场与功效，不要让不同水晶之间产生紊乱，造成能量内消。

如果将水晶与玉石首饰进行混搭，也是一种不错的选择，即便是佩戴在同一只手上也没有任何问题。

第五章

收藏·与你的千百种相处之道

第一节　时尚水晶·用你的美成就我的时尚

2017年6月,世界著名水晶首饰品牌、奥地利施华洛世奇23岁的女继承人维多利亚·施华洛世奇在意大利举行了婚礼。在婚礼上,维多利亚身穿了一件重达46公斤,全身镶嵌了50万颗施华洛世奇水晶的婚纱。

为维多利亚设计婚纱的,是世界著名服装设计师迈克尔·辛科,他是许多国际女星的服装设计师,能够穿上他设计的服装,就意味着已经走在了时尚的前沿。

维多利亚的婚礼一共举办了3天,其中包括一场红色和白色的主题舞会。所有男性宾客,都被要求穿白色套装,而女性宾客则被要求穿红色礼服。维多利亚的红色礼服上面,镶有成千上万颗红色水晶,闪亮了全场。

这一场"水晶婚礼",让许多即将成为新娘的女孩子都将水晶珠宝当作自己婚礼必不可少的装饰。其实,在时尚界,水晶向来都拥有一席之地。

除了各种各样的水晶饰品受到时尚界人士的青睐之外，一双水晶鞋，更是时尚女明星们最心仪的时尚单品之一。

童话《灰姑娘》里面的水晶鞋，或许是每一个女孩子最早对于"水晶"一词的接触。因此，拥有一双晶莹剔透的水晶鞋，就成了每一个年轻女孩子从小就一直做着的公主梦。

对于水晶，许多女孩子都有着割舍不断的情结，因此，当迪士尼真人奇幻电影《灰姑娘》召开首映礼时，许多有着公主梦的女孩子一眼就看见了女主角莉莉·詹姆斯穿的那双公主范十足的闪亮水晶鞋。

在吸引了无数韩剧爱好者的电视剧《来自星星的你》里面，女主角全智贤也拥有一双贯穿全剧的水晶高跟鞋。这双鞋的品牌是世界知名品牌Jimmy Choo，这个品牌也曾经是黛安娜王妃的最爱。直到现在，它也是世界当红女星在走红毯时的首选。

中国的时尚女星，也都会在出席时尚活动时，用一双水晶鞋来提升自己的时尚感。刘诗诗就曾经用一双水晶鞋搭配了一件抹胸印花裙，这样的搭配让它看上去就如同一位美丽的花仙子。

在2015年的热播剧《离婚律师》当中，姚晨在剧中也拥有一双Jimmy Choo的黑金渐变高跟鞋，既突出了她的女星魅力，也符合她在剧中的精英形象。

著名内衣品牌维多利亚的秘密，每年都会举办一场年度大秀。这几乎已经成了一场性感的时尚盛宴，在这场盛宴当中，水晶镶嵌的时尚内衣，也在年度大秀的现场闪耀出不同的时尚光芒。

由于普通人对时尚的关注与追求，水晶也受到了越来越多时尚达人的喜爱。尤其是在婚礼上,如果想要让佩戴的水晶饰品不落俗套,更是要花费不少的心思。

其实,婚礼上的水晶珠宝,大多都与施华洛世奇女继承人维多利亚在婚礼上穿戴的水晶一样,并非天然水晶,而是人造水晶。不过,许多高品质的人造水晶,却比天然水晶还要昂贵。

虽然人造水晶不能称之为真正的水晶,它没有天然水晶所具备的能量和磁场,但是如果应用在时尚界,好处却是非比寻常的。

人造水晶的璀璨光芒,甚至是许多天然水晶无法比拟的。尤其是著名的奥地利水晶,经过特殊的图层处理,能够让水晶饰品呈现出彩虹光谱的效果。如果将它拿在手中轻轻晃动,就可以看到七彩光芒。时尚达人们也将这种效果称为幻彩效果,也是水晶珠宝的魅

白色与紫色掺杂的水晶石

力所在。

在颜色方面，人造水晶也更加丰富。在天然水晶当中，几乎是不存在纯绿色和红色的水晶的，即使是市面上能够购买到的绿水晶，大多也是由紫水晶经过处理之后得来的。至于所谓的红水晶，大多是晶体内包含红色包裹体的透明水晶。

在时尚界，绿色和红色的人造水晶却十分常见。一些好的人造水晶，甚至丝毫不逊色于天然宝石。

人造水晶的璀璨和颜色多变，无论是什么款式或是颜色的时尚服装、婚纱，都能够找到与之相配的水晶珠宝。

在时尚界，如何挑选水晶珠宝，已经成了一种学问。

含有天然水晶与人造水晶在内的水晶饰品，种类足够多到让人眼花缭乱。如果不是对时尚有深刻的研究，很难找到一款与自己的外形、气质、肤色、服装都完美匹配的水晶饰品。

挑选水晶饰品，最重要的就是颜色的协调。以婚礼为例，水晶

精美的水晶戒指犹如钻戒

饰品的颜色，首先要做到与婚戒的颜色保持协调。与此同时，还要考虑婚纱的颜色。婚纱主要以白色为主，因此无色透明水晶制成的饰品与白色的婚纱最为相配。尤其是在婚礼现场，当聚光灯照耀在新娘的身上，会让新娘的肤色显得更亮，也让新娘更加有魅力。

还有些时尚达人喜欢将水晶饰品与其他材质的饰品进行混搭。其中最常见的就是水晶与珍珠的混搭。珍珠象征圣洁与高贵，水晶象征纯洁与浪漫。与珍珠搭配在一起，水晶的锋芒会更加收敛，变得更加温柔，尤其适合性格内敛、沉静的人，能够凸显出佩戴者的古典韵味。

很少有时尚达人会选择将水晶和纯金、纯银制品搭配在一起。一般来讲，他们会选择呈现银色或金色的合金制品来与水晶进行搭配。银色的合金制品，会令水晶显得更加璀璨；金色的合金制品则会让水晶显得更加温和、复古。

还有一点非常重要，那就是水晶饰品的风格，必须与服装的风格相搭配。如果穿着一件波西米亚风格的长裙，就最好选择由水晶制成的项链或发带进行搭配，更加凸显出整体造型的风格。

水晶饰品虽美，也不能毫无节制地佩戴。如果佩戴

靓丽的红水晶手链

得恰到好处，适当简化，就能让整个人显得清新脱俗；如果将各种各样的水晶饰品毫无顾忌地叠加佩戴，只会让佩戴者变得很"土"，成为一个移动的"闪光体"。

有时候，化繁为简，反而是一种时尚定律。一般来说，身上同时搭配戒指、耳环、项链这三种水晶饰品就已经足够了，如果再同时多佩戴一条水晶手链，就会显得画蛇添足，十分累赘。

水晶项链

水晶饰品的款式，也并不是越华丽越好。首饰的华丽程度，也要与个人的气质相匹配，并不是每个人的气质都能够配得上华丽的首饰，尤其是会闪耀出璀璨光芒的水晶首饰。

许多人在挑选水晶饰品的时候会发现，越是款式简洁的水晶饰品，越是能搭配出神奇的效果，更加能够凸显出都市感。并且这样的水晶饰品，更适合在日常生活中佩戴，而不是只有在某个特殊场合才能出现的"箱底货"。

在不同的时尚场合中，水晶饰品的佩戴也有不同的讲究。

如果是需要穿盛装出席宴会，那么就适合佩戴奢华感比较强的水晶。一件光感面料的单色礼服，佩戴一条方圆结合的水晶项链，

蓝水晶饰品

　　项链上的每一颗水晶都有不同的大小，全部镶嵌在复古银色的金属托上，会将整个人衬托得高贵典雅。

　　这种款式复杂的水晶饰品，只适合像大型宴会这样的隆重场合。同时，所要搭配的晚礼服也必须有精良的品质，款式也必须简洁大方。在颜色的搭配上，晚礼服与水晶饰品可以出现小面积的撞色，除此之外，身体其他部位所佩戴的首饰必须要尽量简洁，并且也要与重点突出的水晶饰品色调一致。

　　如果是出席轻松随性的同事聚餐，最好佩戴一些风格比较雅致的水晶饰品，再搭配一套色彩淡雅的简约服装即可。例如一件舒适的毛衣开衫或高领衫，可以搭配一件造型雅致的水晶项链或水晶耳环。

　　在佩戴水晶饰品时，一定要避免穿着带有卡通图案的可爱型衣

多种搭配的水晶饰品

服,因为这样的可爱造型完全会破坏掉水晶的典雅感。最好是穿着一些比较淑女风格、颜色也比较单一并且比较浅的服装。

在同事聚餐时所佩戴的水晶饰品,造型最好不要太夸张,颜色也不要太花哨,否则这会破坏你在同事心目中的高雅娴静的印象。

如果出席疯狂派对或去夜店时也想要佩戴水晶饰品,就要选择一些造型比较夸张的类型。与之搭配的,应该是颜色鲜艳、款式夸张大胆的服装。水晶饰品的颜色,可以选择金色系或暗色系,凸显出不羁的个性。

第二节 收藏水晶·拥有你只为让你更加闪耀

从古时起，古人就已经开始用水晶制作成各种各样的饰品来佩戴，或是将水晶制作成摆件，放在家里观赏。可以说，水晶是一种认知度比较高的宝石，但是究竟什么样的水晶才真正具备收藏价值，并不是每个喜爱水晶的人都能够分辨。

水晶爱好者们经过长期的收藏和研究之后，逐渐形成了一种水

蓝水晶饰品

晶文化。这是水晶爱好者对于水晶的全面认识和总结,也为水晶赋予了更加鲜活的生命。

在水晶收藏界,普遍认为越是通透、没有杂质的水晶,才是上乘的水晶。如果晶体能够达到这两个标准,同时体积还很大,那么就更是一款值得珍藏的稀有水晶。尤其是水晶球,因为水晶球是用天然水晶柱加工而成的,加工的过程非常困难。每加工成一个水晶球,都要耗费比水晶球本身的重量多出4~6倍的材料。并且在磨圆的过程中,很容易崩裂,导致前功尽弃。因此,一颗通透、没有杂质的水晶球,每增加一毫米,价值可能就会增加20万元左右。

另外一种值得珍藏的水晶,是大块的蓝水晶。因为这种水晶非常稀少,所以才更加珍贵。如果你能够找到一块品质不错、体积较大的天然蓝水晶,就要毫不犹豫地将其收入囊中。

紫水晶

白水晶

以前，很少有人喜欢收藏里面带有包裹体的水晶，认为这样的水晶不够纯净。到后来，因为一块名叫"哈雷彗星"的钛晶水晶的出现，钛晶渐渐流行起来，发晶也就随之而流行起来。

中国水晶爱好者的收藏热情，大约萌生于20世纪90年代初期。众所周知，钛晶水晶十分稀少，被水晶爱好者称为"水晶中的奔驰"。当时，有人为一块天然钛晶水晶赋予了"哈雷彗星"这样一个生动的名字，也彻底改变了人们对于水晶的认知，引起了水晶收藏的热潮。直到如今，水晶爱好者还将钛晶看作天然水晶观赏石的鼻祖，因此也具备很高的收藏价值。

关于"哈雷彗星"的诞生，还有一个故事。发现"哈雷彗星"的人，是被誉为"水晶收藏第一人"的朱景强。1990年夏天的一个下午，朱景强遇到一位销售水晶毛石的商人。商人手中有一块重量仅有200多克的包裹体钛晶水晶，从外表看，这块水晶就如同石头一样。不过，透过在开采时被碰坏的一角，朱景强看到里面有几根呈

精致的水晶饰品

束状金色的发丝。

　　于是，他就用12元钱买下了这块原石，并请专业人士将其打磨成一个椭圆形的水晶球。抛光之后，这块水晶的晶体里面清晰地呈现出几条柱状金色发丝，在一端还有白色的晶体。

　　朱景强特意将白色晶体部分保留了下来，仔细观察过后，发现这块水晶酷似哈雷彗星，于是就为它取了这个名字。

　　在东南亚珠宝展览会上，"哈雷彗星"的标价是300元。在当时，这已经是很高的价格，因为了解水晶的人很少，"哈雷彗星"最终没有成交。朱景强只好将它带了回来。几年之后的郑州珠宝交易会上，有一位外商看出了它的价值，出价6000元。这个价格一下子让朱景强看到了"哈雷彗星"的潜质，最终没有将它卖掉。

　　后来，在北京的一次展览会上，一位韩国商人出价万元购买"哈雷彗星"，这件事一下子成了当时最轰动的新闻之一。《人民日报》与《新华日报》等多家媒体都报道了这件事，从此以后，越来越多的人愿意了解水晶，知道水晶也是一种具备收藏价值的天然矿藏。

因为"哈雷彗星"的故事，越来越多的水晶爱好者喜欢购买天然发晶作为收藏品。不过，并不是所有的发晶都有很高的价值，必须是通亮的发晶才值得收藏，至于那些晶体混浊，发丝太密太乱的水晶，并没有收藏价值。

水晶的形成过程十分漫长，对其生长环境的条件要求也十分苛刻。不过，水晶在形成的过程中，吸收了许多自然的精华，也具备了一定的功效和用途，这才让水晶爱好者们纷纷将水晶作为收藏品珍藏。

因为水晶是一种不可再生资源，开采得越多，地球上剩下的水

蓝色水晶块

晶储量就会越少。所以，随着时间的推移，优质的水晶价格也会逐渐上涨，具有一定的增值空间。

据专家分析，值得收藏的水晶，一共有三种，分别是：年代久远的古董水晶藏品、水晶原石，以及水晶工艺品。

只要有一定年代的古董，都是值得珍藏的藏品，更何况是高品质的古董水晶。如果能够拥有一块石器时代的水晶制品，简直就等于拥有了一件稀世珍宝。不过，收藏古董水晶制品的风险也很大，因为水晶制品只能通过制作工艺的差别来辨别它产生的年代，并且，每一件古董水晶制品都价格不菲。

目前在市场上最常出现的古董水晶制品，大多来自晚晴时期，每一件的价值都在100万元人民币以上。

水晶洞

相对来讲，水晶原石的收藏就比较简单。只要在造型、色彩、图案、包裹体、纯净度、大小等方面有一些特色或优势，就可以成为一件收藏品。这几个方面都具备一定优势的水晶原石，也就有更高的价值。

与古董水晶制品相比，水晶工艺品在年代上不具备任何优势。因此，收藏水晶工艺品，要从水晶的品种、质地、瑕疵、制作工艺等方面来判断其价值。如果一块水晶材料本身就比较完美，再经过名家之手精雕细琢，最终形成的水晶工艺品无论从价格、观赏价值还是收藏价值，都会非常高。

收藏一枚高品质的水晶制品，可以充分体会到大自然神韵的魅力，领略一种返璞归真之感，为这天地之间的精华而深深陶醉。

第三节　星座水晶·你跟星空的千万种联结

在国外，许多人喜欢根据自己的星座来佩戴不同的水晶，希望起到开运和转运的效果。星座是神秘的，出生的月份可以影响一个人的个性与运势。水晶也是神秘的，不同种类的水晶蕴含不同的能量与磁场。如果将星座与水晶的种类进行完美搭配，也许真的会产生意想不到的转运效果。

自古以来，十二星座与水晶之间就存在着一种微妙的关系。这种关系无法用语言来形容，但紧密相连，又相互影响。

人们为不同的水晶赋予了不同的含义，例如粉水晶象征爱情，有助于提升缘分；红玛瑙有助于开运辟邪；黄水晶有助于增添好运与贵气等等。

每个人的个性不同、优缺点不同，想要提升的运势不同，需要佩戴的水晶也就不同。十二星座各自都有与之对应的生日石，也就是说，每一个星座，都有一款专属水晶。如果按照星座佩戴相应的生日石，被认为可以带来好运，也可以守护自己的能量。

白羊座（3月21日-4月19日出生）

基本助运石：茶晶

茶晶的气场能够使人平心静气，情绪平衡，可以缓解白羊座"横冲直撞"的个性。

恋爱助运石：碧玺

碧玺中的天然能量，能够促进人体经络和全身的气血循环，令人气色红润，也能让恋爱中的白羊座拥有更加动人的魅力。

财运助运石：黄水晶

黄水晶是智慧和喜悦的象征，同时也有聚财的功效，能够让人充满自信，从而取得事业上的稳定发展，帮助白羊座带来财运。

健康助运石：天然绿玛瑙

天然绿玛瑙有美容养生和舒缓心情的功效，有助于不喜欢受到

茶晶手链

碧玺手链

第五章　收藏·与你的千百种相处之道

黄水晶手链

束缚、深爱自由的白羊座提升健康运势。

人际助运石：紫水晶

紫水晶具有开发智慧、增进人缘的功效。白羊座的个性坦诚、开放，像个小孩子一样不愿隐藏自己的真实感情。不过，在人际交往中，并不是每个人都喜欢这种个性，因此紫水晶可以帮助白羊座提升好人缘。

事业助运石：黄水晶

黄水晶同样具备平缓情绪的效果，能帮助脾气急躁、易怒的白羊座与同事和上司和平共处，提升事业运。

天然紫水晶

黄水晶手链

家庭助运石：粉水晶

增进家庭运势，是粉水晶的基本功效。不仅适合白羊座，也适合大多数星座。

学习助运石：紫水晶

紫水晶能够开发人的智慧，提升灵性。它还能够帮助个性急躁的白羊座静下心来好好学习。

金牛座（4月21日-5月21日出生）

基本助运石：绿幽灵

绿幽灵是一种具有万能的财富水晶，金牛座的性格十分谨慎，凡是与金钱有关的事情，都会在考虑之后再谨慎地做出决定，因此绿幽灵最适合提升金牛座的运势。

恋爱助运石：海蓝宝

海蓝宝象征爱情与和平，能够帮助不善言辞的金牛座提升在爱情中的个人表达能力和语言能力，以及对爱情的领悟力。

财运助运石：黄水晶

黄水晶象征财富，散发金色光芒，与金牛座搭配在一起，会产生金碧辉煌的感觉。

健康助运石：虎眼石

虎眼石被当作辟邪招财的宝石，金牛座本身就非常勤快，再加上虎眼石的功效，更加能够提升健康运势。

人际助运石：紫水晶

憨厚老实的金牛座，不善于交际。佩戴紫水晶，能够给予金牛座勇气和力量，增进人际关系。

紫水晶手链

事业助运石：绿幽灵

绿幽灵具备催旺正财的力量，金牛座佩戴绿幽灵手链，能给人带来事业和生意上的财富。

家庭助运石：粉水晶

粉水晶不仅能帮助金牛座提升家庭运，还能为金牛座带来好人缘和贵人运。

学习助运石：金发晶

金牛座本身就具备主动学习的能力，金发晶可以补充金牛座的磁场能量，令精神更加饱满、集中。

双子座（5月22日-6月21日生）

基本助运石：黑玛瑙

双子座个性飘忽不定，难以捉摸。黑玛瑙神秘庄重，具有坚强毅力的作用，十分适合双子座。

黑玛瑙项链

恋爱助运石：粉水晶

双子座的异性缘非常好，不过也难免招惹烂桃花。粉水晶可以提升桃花的质量，提升双子座的恋爱运。

财运助运石：黄水晶

双子座天生机灵，善于理财。再加上象征财富的黄水晶辅助，财运也会提升。

健康助运石：黄玉

黄玉具备调节身体各个系统的功效，能够帮助双子座变得更加健康、苗条、美丽。

人际助运石：红玛瑙

红玛瑙给人热情的感觉，人际关系本来就不错的双子座，在红玛瑙的帮助下，能够使人变成人群中的亮点，同时也能够消除紧张和压力。

事业助运石：绿玛瑙

绿玛瑙可以帮助双子座提升行动力和做事情的干劲，在事业上起到好的辅助作用。

家庭助运石：粉水晶

粉水晶可以让双子座从工作的紧张情绪中放松下来，好好感受家庭所带来的和谐美好。

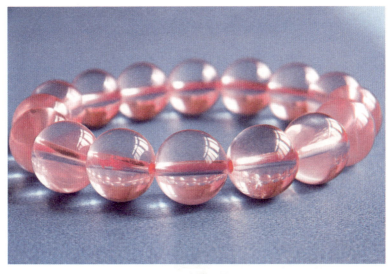

粉水晶手链

学习助运石：紫水晶

双子座天生聪明，却不安分。紫水晶可以帮助双子座在学习的时候集中精力，用心学习，并能够起到开发智慧，帮助思考的作用。

巨蟹座（6月22日-7月22日生）

基本助运石：粉水晶

巨蟹座天生内向、羞怯。粉水晶可以帮助巨蟹座提升人气，也就提升了整体运势。

恋爱助运石：紫水晶

巨蟹座比较情绪化，缺乏安全感。紫水晶具有稳定情绪的力量，能够帮助巨蟹座维护感情。

财运助运石：黄水晶

巨蟹座的思想比较传统，因此在财富方面比较吃亏，需要象征财富的黄水晶来对巨蟹座的财运起到提升作用。

健康助运石：金发晶

巨蟹座性格内向，不太适应新环境，很容易因为水土不服导致身体欠佳。金发晶可以改善巨蟹座精神不振、睡眠不足的情况，补充身体能量。

人际助运石：碧玺

巨蟹座不善言谈，不善于人际交往。碧玺可以帮助巨蟹座远离身边的小人，提升人际运。

事业助运石：黑曜石

因为巨蟹座在生活中总是老好人，在事业上也比较吃亏。黑曜石能帮助巨蟹座避免负能量的干扰，提升周围气场，驱除晦气，令事业顺风顺水。

黑曜石佛牌

家庭助运石：粉水晶

粉水晶可以帮助巨蟹座舒缓紧张的情绪，让心情更加放松，与家人的相处更加和睦。

学习助运石：绿幽灵

巨蟹座求知欲强，记忆力好，只是不愿表达自己，容易埋没自己的才华。绿幽灵散发出很强的幸运之光，可以帮助巨蟹座露出锋芒。

狮子座（7月23日-8月23日生）

基本助运石：粉水晶

狮子座耐不住寂寞，喜欢气派，粉水晶具备提升人气以及招揽桃花的功效，可以帮助狮子座提升人气。

恋爱助运石：碧玺

因为狮子座的顽固与独裁，在恋爱方面会出现许多弊端。碧玺

碧玺项链

具备凝聚魅力的能量，提升狮子座的魅力，从而提升恋爱运。

财运助运石：黄水晶

讲究气派、华丽的狮子座，需要金钱上的支撑。不过，因为喜欢专制，狮子座在财运上会受到阻碍。黄水晶能让狮子座暴躁的心绪镇静下来，提升狮子座的财运。

健康助运石：黄水晶

狮子座总是看上去精力旺盛，黄水晶具备镇定的作用，可以平衡狮子座旺盛的精力，令其时刻保持头脑清醒，心思细密。

人际助运石：紫水晶

因为专制而又霸道的个性，狮子座真正的朋友很少。紫水晶能够增进狮子座的人缘，提升人际运。

事业助运石：金发晶

狮子座具备建设性与创造性的特点，在事业上很容易做出成绩，却也会因此而过于骄傲。金发晶能够加强狮子座的个人信念，有助于事业运。

家庭助运石：黑曜石

黑曜石具备化解负能量、化解晦气的功效。让狮子座的婚姻不会受到其专制、霸道个性的影响，更加和谐美满。

学习助运石：粉水晶

狮子座感兴趣的事，总是能够做到极致；不感兴趣的事，则是一塌糊涂。粉水晶能够缓解狮子座烦躁的心情，提升悟性，令其发现自我，提升学习运。

处女座（8月24日-9月23日生）

基本助运石：粉水晶

处女座的内心是非常不自信的，粉水晶能增强处女座的自信心，让处女座底气更足，好运自然降临。

恋爱助运石：银发晶

处女座异性缘很高，却太过于追求完美，使另一半没有安全感。银发晶能够带来正能量，让处女座对感情从一而终。

财运助运石：黄水晶

黄水晶本身就是财富之石，再加上天生人脉好的处女座，具有"强强联合"的作用，提升财运。

健康助运石：黄水晶

处女座生性不够自信，又有些多疑。黄水晶能够让人充满自信，减少自卑感，有助于处女座的心理健康。

黄水晶貔貅吊坠

人际助运石：紫水晶

追求完美的处女座，会因为眼里揉不得沙子而心直口快得罪人。紫水晶能够帮助处女座用更加聪明和智慧的态度与人交往，从而提升人际运。

事业助运石：蛋白石

处女座的创作性较弱，蛋白石可以帮助处女座提高想象力和创造力，开拓事业。

家庭助运石：粉水晶

粉水晶能够让处女座更加充满母性的慈爱，在家庭中成为贤妻良母。

学习助运石：紫水晶

处女座天生有条理，做事有规划，学习也比较好。紫水晶具备开发智慧、帮助思考、集中精力、增强记忆的功效，让处女座的人更加出众。

天秤座（9月24日-10月23日生）

基本助运石：红纹石

红纹石对心、肺、免疫系统、淋巴腺、胸腺功能有所帮助，能够消除郁闷与烦躁的心情，以及心中的负能量，令人开心、愉快。因此，红纹石可以缓解天秤座天生的纠结个性以及选择恐惧症。

恋爱助运石：萤石

萤石具备净化人体磁场的作用，可以除去晦气，可以帮助天秤座理清爱情中的头绪。

彩色萤石

财运助运石：玛瑙

玛瑙有助于消除压力、疲劳以及负能量，天秤座将玛瑙放置于枕头下，有助于安眠，并有聚财的作用。

健康助运石：黑玛瑙

黑玛瑙手镯能够帮助天秤座增强力量与生命力，激发灵感，使其长寿。

人际助运石：粉水晶

粉水晶能够帮助天秤座松弛紧张的情绪以及烦躁的心情，提高悟性，改善人际关系，增进人缘与生意缘。

事业助运石：红纹石

天秤座的选择恐惧症，让他们很难做出抉择。红纹石有助于舒缓他们在选择上的焦急与烦躁，在事业上做出最佳决定。

家庭助运石：粉水晶

粉水晶具有治疗心灵伤痛的效果，使天秤座在家庭中的琐事减少，争吵也会减少。

学习助运石：紫水晶

紫水晶可以促使脑细胞活动，令天秤座的大脑运转更快，智力得到开发，记忆力增强。

天蝎座（10月24日-11月22日生）

基本助运石：黑玛瑙

神秘的天蝎座与生俱来带有许多阴暗特质，尤其善于嫉妒。黑玛瑙自古以来被当作辟邪物，有助于消除天蝎座的负能量。

恋爱助运石：红绿宝

这种矿石非常稀少，功能十分强大。红绿宝能够使天蝎座增加勇气，彰显气质，也能增进恋爱中的人缘。

财运助运石：黄水晶

如果是喜欢炒股票的天蝎座，必不可少的一款饰物就是黄水晶手串。球体的黄水晶具备凝聚财运的作用，尤其是对于偏财更有帮助。

健康助运物：玛瑙

玛瑙可以改善人体内分泌系统，增强人体新陈代谢，加强血液循环，提升免疫力。

人际助运物：粉水晶

天蝎座生性孤僻，不爱说话，交际圈窄。粉水晶有助于打开天蝎座的心怀，招揽人脉，扩大交际圈。

事业助运石：萤石

经常在手中握一块萤石，能够帮助天蝎座提升信心，迅速理清混乱的思绪，变得镇定有条理，并且找出并改善自身的问题，提升事业运。

家庭助运石：粉水晶

天蝎座的个性比较内敛，粉水晶则是一种开朗的水晶，能够驱散烦躁的心绪，让心情变得平和，更加能够感受到家庭的快乐。

学习助运石：紫水晶

对于大多数星座而言，紫水晶中的能量都可以促进脑细胞活动，令大脑运转更快，学习能力更强。

紫水晶块

射手座（11月23日-12月21日生）

基本助运石：玛瑙

射手座身上有一股冲劲，只要想做，不管多难都会勇往直前。玛瑙可以稳定人的情绪，给人信心和力量，令射手座的爱情、事业、人际、健康整体得到提升。

恋爱助运石：紫水晶

射手座的个性飘忽不定，在爱情中就像一个长不大的孩子，欠缺一些智慧，也欠缺一些勇气。紫水晶能够赋予射手座勇气之爱、深厚之爱，较少与恋人起争执。

财运助运石：黄水晶

黄水晶可以增强射手座气场中的黄光，创造意外之财。

健康助运石：红纹石

红纹石能够消除射手座心中的负能量，有助于开启心轮，令身心放松，增强记忆。

人际助运石：粉水晶

粉水晶有助于打开射手座的心，为其带来人脉以及新的社交圈子。

事业助运石：虎眼石

虎眼石能够让人自律，保持头脑的灵活，帮助射手座在事业上做出最佳的决策。

家庭助运石：青金石

青金石能够消除怒气，

优雅简约的青金石饰品

化解冲突，让人诚实、正直，懂得聆听。射手座佩戴青金石，可以更有效地与家人进行沟通。

学习助运石：玛瑙

玛瑙可以消除压力与倦怠。对于长期处于学习状态的射手座来说，玛瑙可以舒缓压力，帮助他们劳逸结合。

摩羯座（12月23日-1月19日生）

基本助运石：紫水晶

摩羯座是最小心、善良的星座，却也有些固执。紫水晶能够为摩羯座带来贵人运，令其有包容心，提升整体运势。

恋爱助运石：粉水晶

摩羯座在开创性、乐观性、社交性等方面都较弱，情绪有些压抑，个性有些孤独。粉水晶可以弥补这些不足，增强摩羯座的交际能力，带来爱情的运气。

财运助运石：黄水晶

摩羯座适合将财富之石黄水晶摆在家中的财位上，起到聚财的效果。

健康助运石：虎眼石

虎眼石可以调整暴饮暴食后身体的不适感，改善感冒症状、哮喘、支气管炎，加强关节与骨骼的能量。

人际助运石：粉水晶

摩羯座缺乏对人群的关怀与热情，需要粉水晶帮助其招揽人脉，扩大社交圈。

事业助运石：红绿宝

红绿宝可以增强人的意志力，令目标和方向变得坚定，成为摩羯座在职场中打拼的动力。

家庭助运石：红纹石

红纹石可以令摩羯座更有包容心，容忍家人的小毛病，融入彼此之间的爱意。

学习助运石：紫水晶

摩羯座做事脚踏实地，意志力强，不易受到外界干扰。在紫水晶的帮助下，注意力将更加集中，对学习起到辅助作用。

水瓶座（1月21日-2月19日生）

基本助运石：金发晶

水瓶座的人很聪明，个人主义色彩浓重。金发晶可以增强水瓶座全身的气场，防止浊气干扰，起到护身符与幸运符的作用。

恋爱助运石：紫水晶

水瓶座具备体贴与谅解的个性，紫水晶可以让人个性增强，同时减少恋人之间的摩擦与争吵。

财运助运石：金发晶

金发晶可以给水瓶座带来勇气，令其完成不可能完成的任务，改变水瓶座胆小的缺点，令水瓶座因为自信而获得更多财富。

健康助运石：黑玛瑙

黑玛瑙是长寿的象征，可以令人身心愉快，睡眠良好。

人际助运石：粉水晶

水瓶座对朋友很难推心置腹，粉水晶可以协助水瓶座深入内

金发晶手链

心，改善人际关系。

事业助运石：萤石

水瓶座在做事情时左顾右盼，没有恒心。萤石可以帮助水瓶座找出自身的问题所在，对事业起到帮助。

萤石手链

家庭助运石：粉水晶

水瓶座对于生活有些缺乏热情，粉水晶会帮助其寻找快乐，让家庭氛围变得更加融洽。

学习助运石：红绿宝

红绿宝中的绿色光芒，可以令人心情放松，缓解压力和紧张感，在一定程度上消除疲劳。

双鱼座（2月20日-3月20日生）

基本助运石：红绿宝

双鱼座缺乏理性，感情用事，容易受环境影响。红绿宝可以增强人的自信，令人做事更加果断，从而提升运气。

恋爱助运石：玛瑙

双鱼座比较不切实际、爱幻想，玛瑙可以帮助双鱼座与恋人之间加强沟通，化解矛盾。

财运助运石：黄水晶

双鱼座天生不善于理财，佩戴黄水晶饰品，可以帮助双鱼座聚财。

健康助运石：萤石

双鱼座比较容易冲动，控制力不强，容易因为情绪困扰产生头痛、偏头痛等症状。萤石有助于消除身体积累的负能量，改善这些症状。

人际助运石：紫水晶

双鱼座比较情绪化，多愁善感，很难交到知心朋友。紫水晶可以帮助双鱼座散发出高贵的气质，有助于遇到贵人。

天然紫水晶

事业助运石：红纹石

红纹石可以帮助双鱼座在商谈中与对方达成共识，也能够促进团队间的协作与配合。

家庭助运石：玛瑙

双鱼座很容易陷入沮丧之中不能自拔，玛瑙可以帮助双鱼座调整身体和心灵，增强幸福感。

学习助运石：鸡血石

鸡血石能够加速血液循环、滋养肾经、镇定安神、帮助睡眠、减轻疲劳、增强体力。在学习时佩戴，能够更加积极，充满斗志。

第四节 生辰水晶·我的生辰，你的色彩

在欧美的传说当中，每个月出生的人，都有一枚专属于这个月份的诞生石，也叫作生辰石。据说，生辰石与《圣经》中的十二基石、胸甲十二颗宝石、伊斯兰的十二天使和天体十二宫的传说有关。流传得久了，也就形成一种佩戴诞生月宝石的习俗。

一月：石榴石

石榴石代表贞操、友爱、忠实，同时也是结婚两周年的纪念宝石。有些信教的人们相信石榴石可以照亮天堂，战士们会把石榴石镶嵌在盔甲上，因为相信它的力量会保佑自己平安无事。石榴石也寓意着一月出生的女孩子会拥有美丽的容貌。

石榴石与多彩的水晶

二月：紫水晶

紫水晶象征着高贵，自古以来，日本人就将紫色看作高贵的颜色。紫水晶被誉为"诚实之石"，因此，紫水晶也寓意着二月出生的人，有着诚实的个性，平和的心态。同时，紫水晶也是结婚六周年的纪念宝石。

三月：海蓝宝石

海蓝宝石也被称为"蓝晶"，因为它生产于海底，所以被认为是海水的精华。航海家喜欢用海蓝宝石祈祷海神保佑航海安全，因此也称它为"福神石"。同时，海蓝宝石也寓意着三月出生的人，具备沉着与勇敢的个性，能够获得幸福和长寿。

蓝色水晶

四月：钻石

钻石是结婚七十五周年的纪念宝石。因此，结婚七十五周年也被称为"钻石婚"。钻石也寓意着四月出生的人能够得到纯洁的爱情与贞节的婚姻。

五月：祖母绿

自从人类发现祖母绿，就将其当作护身符、辟邪物，或是宗教圣物，坚信它可以抵御毒蛇猛兽的袭击，并且具备强大的治疗力量，能够解毒退热，甚至可以帮助治疗痢疾、缓解忧郁和发狂的症状；对于肝脏也能起到保护作用，有助于缓解眼睛的疲劳。

在西方，祖母绿被认为是爱河生命的象征，代表着生机盎然的春天。它是爱神维纳斯最喜爱的宝石，因此被认为有守护爱情的功效，也称为结婚五十五周年的纪念宝石。它寓意着五月出生的人，能够得到一生的幸福，拥有美满的婚姻。

六月：月光石

在罗马，人们认为月光石是由月光形成的，并且能够从月光石中看到月光之神狄安娜的影子。在中世纪，人们认为注视月光石，会令人陷入沉睡，并且会从梦境中预言未来。在阿拉伯，人们认为将月光石缝进衣服中，会成为富饶的象征。直到今天，月光石在印度仍然是神圣的象征，并且认为月光石会在晚上给佩戴它的人以美丽的幻想，因此称为"梦之石"。在东印度传说当中，月光石也代表第三只眼的符号，能够使灵性的理解力得到净化。它也是结婚三十周年的纪念石，寓意着六月出生的人，一生都不会流下伤心的眼泪。

月光石

七月：红宝石

在欧洲，红宝石常被作为婚姻的见证。它寓意着七月出生的男人，能够掌握梦寐以求的权力；七月出生的女人，能够得到永世不变的爱情。

八月：橄榄石

在古埃及，橄榄石被认为是太阳宝石，它象征着和平、幸福、安详。古代一些部族之间在发生战争时，也常会互赠橄榄石，表示和平。在耶路撒冷的一些神庙里，至今还有几千年前镶嵌的橄榄石。它寓意着八月出生的人，能够得到幸福与和谐的婚姻。

九月：蓝宝石

蓝宝石又被称为"命运之石"，能够保佑佩戴它的人平安、交好运。在古埃及、古希腊、古罗马，蓝宝石被认为拥有神秘的色

橄榄石项链

彩，常被用来装饰寺庙和教堂，并且被作为宗教仪式的贡品。英国国王、俄国沙皇的皇冠和礼服上，也不会缺少蓝宝石的存在。它寓意着九月出生的人，具备忠诚、坚贞、慈爱和诚实的个性。

十月：碧玺

碧玺的颜色丰富而又鲜艳，在古僧伽罗语中，它被称为"混合宝石"。在阳光下，碧玺可以呈现出奇异的色彩，并且还具备排斥或吸引轻物体（例如灰尘和草屑）的力量。碧玺寓意着十月出生的女人具有风情万种的魅力。

十一月：黄玉

在我国，黄玉又被称为"托帕石"，这是从英文音译过来的名字，是"难寻找"的意思。黄玉源于红海扎巴贾德岛，这个岛常年被大雾笼罩，很难被发现，因此黄玉才有了这样一个别名。它是结婚十六周年的纪念宝石，寓意着十一月出生的人，能够拥有友情和幸福。

碧玺项链

十二月：绿松石

绿松石寓意十二月出生的人会拥有好运，能够获得成功。

绿松石

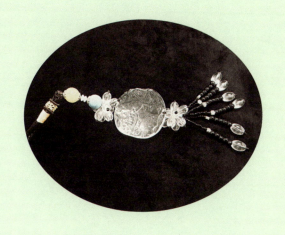

第六章

价值·风起云涌中慧眼识"晶"

第一节　市场有"妖怪",你需要一面照妖镜

喜欢水晶的人越来越多,有人喜欢购买水晶饰品,佩戴在身上,为自己增添气质与闪光点;有人喜欢购买水晶藏品,或摆放在家里观赏,或珍藏于安全隐蔽的地方,偶尔拿出来鉴赏、把玩。

天然黄水晶

无论购买的是哪一种水晶,都需要擦亮自己的慧眼,不要被市场上鱼目混珠的假货或次货蒙骗。

不是每个人都懂得如何辨别水晶的真假,因此许多人虽然有购买天然水晶的想法,却始终不敢行动。如果在购买水晶时,你无法掌握一些复杂的鉴别方法,那么至少要注意以下四项:结晶颗粒要大、质地要透彻、颜色要鲜艳且有光泽、外形与结晶要完整。

不过,仅凭这四点,依然很难保证购买到的水晶制品是天然水晶,或者是优质天然水晶。因此,在购买水晶之前,还是建议对水晶进行一番充分的了解。

天然水晶之中有很多矿物成分,有些矿物成分无色,结晶出来就是无色水晶;有些矿物成分会呈现出各种各样的颜色,这也让水

天然紫水晶

晶的色彩十分丰富。

除了了解水晶的形成与特性之外，最好还要了解一下水晶制品的加工流程，再根据这些流程的特点来辨别真伪。

一般来讲，将水晶原石制作成水晶制品，要经过开料、压胚、粗抛光、细抛光、打孔、丝印、镀彩、雕刻、喷砂等几个步骤。之前我们详细阐述过水晶的开料、抛光、平面雕刻、内雕这几个步骤，在这里简单介绍一下其他的几个步骤。

压胚，是用模具制作出成品所需要的形状和尺寸，再将水晶原料加热到900℃以上，融化，流入模具，压铸而成。

打孔，是在水晶成品未完成之前，根据需要，用钻头按照尺寸加工出合适的孔洞。

丝印，是对水晶表面附着的色料进行效果处理，使其脱落。

白水晶饰品

镀彩，是运用类似电镀的手法，在水晶表面形成较薄的色彩。这种工艺常常出现在水晶制品的底部，例如生肖文镇。

在前面的章节里，对于如何鉴别水晶的真伪，已经进行了详细

天然白水晶

的介绍。一般来讲,大致可以分成三种:用手摸、用眼看、借助仪器辨别。具体鉴别方法可以参照前面的章节。

还有一种颜色辨别方法,也适用于辨别水晶的真伪。那就是在同一种颜色的水晶当中,颜色越娇嫩的水晶,属于天然水晶的可能性越高。

如果是初次接触水晶的人,尽量选择一些晶体内含有云雾、冰裂纹等内包物的水晶来购买。因为这些内包物不容易造假,而晶体清澈的水晶,无论要价多高,都存在造假的可能。当累积到一定的经验之后,再去选择那些高档水晶进行购买,避免从一开始就上当受骗。

许多人喜欢购买大块的水晶制品,认为越大的水晶越漂亮,也越具备收藏价值。不过,一些经验不够丰富的人,往往会因为这一观点而上当受骗。

大块的天然水晶制品，的确是具备很高的价值。但是，越大的水晶制品，越容易出现造假的可能。如果想要购买大件水晶制品，又没有太专业的鉴别工具，至少要准备一个放大镜，观察水晶内部是否有气泡。只要有气泡，就很可能是人造水晶。

随着喜爱水晶的人越来越多，市场上的水晶也鱼龙混杂。除了天然水晶、人工合成水晶、玻璃仿制水晶之外，如今还出现了大量的"养晶"制品。

所谓"养晶"，就是人造水晶。它是模仿了天然水晶的形成原理而制作出来的。制作"养晶"的过程，先是在一个巨大的高炉桶中注入大量无水硅酸，之后加入二氧化硅，再将上层和底层的温度各加热到400℃左右，然后在溶液中悬入供水晶附着结晶的"晶核"，利用热对流的原理，让高温超饱和的原料溶液由底层流向温

天然黄水晶

度较低的上层。结晶会慢慢依附在晶核的两面上,与盐或砂糖结晶的过程有些类似,厚片状的养晶也就初具规模。

一开始悬入的晶核,此时被夹在养晶的中间。当两三天以后,结晶达到一定的厚度,就可以将养晶取出冷却,再将中间的晶核锯掉,一块晶莹通透的水晶就这样形成了。

在市场上出售的黄水晶、紫水晶、白水晶当中,有许多都是用养晶冒充天然水晶,尤其是上面雕刻了经文或佛像一类的水晶项链、水晶吊坠等饰品,更有可能是养晶冒充的,购买时一定要擦亮双眼。

一些比较能够放心购买的水晶产品,包括原矿类、水晶簇、水晶洞、水晶花、水晶柱、各类幻影水晶以及发晶。这些水晶很少有造假产品的出现。不过,在购买水晶洞或原矿类产品时,要注意检查它们是否有修补过的痕迹,只要仔细检查这些痕迹,就很容易发现。

 第二节　东海市场里淘宝

选购天然水晶,掌握一定的鉴别方法自然重要;同时,选择购买天然水晶的地点,也对鉴别水晶的真伪起到至关重要的作用。

在网上,可以从许多平台购买所谓的天然水晶。不过,这些平台的水晶制品大多真假参半,没有绝对可靠的平台。有些平台打着厂家直销的旗号,其实都是在销售一些人工合成或仿制水晶产品。

众所周知,我国江苏省东海县,是世界上著名的水晶原产地之一,因此,想要购买天然水晶制品,不妨到东海的水晶市场里面去淘一淘宝。

东海水晶市场,只是一个泛称。在东海,有许多专门销售天然水晶的市场,其中包括中国水晶工艺礼品城、东海国际水晶珠宝城、水晶博物馆、东海水晶城、水晶汇、天城国际水晶珠宝城、曲阳水晶街等等。

中国水晶工艺礼品城,是全国文明市场,营业面积超过35500平

淡蓝色水晶

方米，年交易额达到30亿元。出口水晶的比例占总交易额的30%以上。在中国水晶工艺礼品城购买水晶制品，可以使用这里提供的高科技技术鉴定器对水晶的真伪进行鉴定，安全度比较高。

东海国际水晶珠宝城，是国家AAAA级旅游购物景区。这座水晶市场始建于2006年，里面设有水晶珠宝精品区、水晶工艺品区、水晶原石区、人工合成水晶区、珠宝饰品区等区域。

水晶博物馆位于东海新城区西双湖景区旁，这里汇聚了东海品质最好、工艺最精美的天然水晶。

中国东海水晶城，始建于1992年，营业面积达到55000平方米，每年可以接待国内外客商约40万人次。这里的水晶除了销往全国之外，还出口到欧美、日韩、东南亚等国家，港澳台地区。目前，中国东海水晶城是全国最大的水晶专业交易市场，也是世界水晶的集散中心之一。

白色水晶

多色晶石

在东海当地，人们习惯地将中国东海水晶城称作"老水晶城"，这里的人气最旺，生意也最好。不过，如果不经常来这里购买水晶，最好能多走几家对比一下，因为一些商人对于生面孔的买家会报出较高的价格，一定要多对比之后才不会花冤枉钱。

不过，相对来讲，这里毕竟是批发水晶的市场，整体价格还是非常便宜的。在购买水晶的同时，也可以顺便逛一逛水晶配件，一定会淘到自己心仪的商品。

水晶汇位于中国东海水晶城旁边，这是一家新型水晶珠宝专业市场，也是全国水晶珠宝行业中规模最大、仓储量最多的专业市场。

有销售水晶的实体店铺的人，还是习惯去东海水晶市场去批发产品；而开网店销售水晶的卖家，则更喜欢去老水晶市场和新水晶市场周围的集市里淘货。

无论去哪里淘货，货比三家是必须要遵守的原则，只有这样，才能做到价格与品质都心中有数。

中国东海水晶城附近还有一处户外交易市场，那里的热闹程度丝毫不逊色于室内，几乎已经成了东海水晶城的一道特色景观。

在户外市场上销售的每一块石头，都是以人工的方式从地下挖出来的。这些挖水晶的人，大多没有特别先进的工具，只能凭借经验与耐心，再加上勤劳和坚持，一点一点地挖掘。有些人甚至连续挖上几年，也挖不到一块精品水晶。不过，他们还是坚持不懈地挖掘，年复一年，勤勤恳恳。也许他们都怀揣成功的信念，坚信有朝一日会挖掘到一块"水晶之王"。

虽然他们很少能挖掘出精品水晶，但是拿到市场上来销售的水晶，却全部是纯天然水晶，没有丝毫掺假成分。只要你拥有一双发掘的慧眼，说不定就会从这些"地摊货"当中发现一两块极品水晶。

虽然在东海水晶城的室内也有水晶批发专柜，但是许多来批发水晶的买家，还是喜欢在户外市场上购买。因为室外的光线有利于观察水晶的颜色和货品的质量，这也成了东海水晶户外市场长盛不衰的原因之一。

粉色、紫色水晶展示

紫水晶

在东海,可以批发到各式特色的水晶原料,喜欢水晶球的人,在这里可以找到大、中、小型应有尽有的水晶球。许多水晶爱好者会从全国各地来到这里,购买水晶洞、聚宝盆等水晶产品。这里的水晶批发商每年也会到巴西等盛产水晶的国家去进货,因此,到东海批发水晶,除了可以以更低的价格购买水晶之外,也可以见识到来自世界各地的水晶,开阔一下眼界。

第三节 同一个世界不一样的水晶

在前面的章节中,已经介绍过水晶的不同颜色以及不同种类,不过主要是针对水晶制品，其中包括水晶首饰、水晶工艺品等等。在这个世界上，还有另外一种形态的天然水晶，也受到许多水晶爱好者的争相追捧，那就是水晶观赏石。

所谓水晶观赏石，是天然形成的具备观赏价值的水晶，或者稍加打磨之后的包裹体水晶。这种水晶，具有丰富的形象，以及深厚的文化内涵。晶簇类、水晶洞类、包裹体类、原石类，都属于水晶观赏石的范畴。

晶簇类保持了天然水晶在最初形成时候的形状，不经过任何加工与修饰，本身就具备一定的观赏性。

水晶洞类包括紫晶洞和聚宝盆两大类，这种水晶的内部，一般都含有石英晶体或玉髓沉积。

包裹体类是天然水晶形成之后，晶体内所包裹的物质。其实就是之前提到过的风光水晶，水晶里面的包裹物与某种自然风光、人物或是动物非常相似。

原石类，顾名思义，就是开采之后未经任何加工修饰的水晶原石。不过，想要成为水晶观赏石，水晶原石还要经过一道抛光去皮的工艺，原石中的水晶才会显露出来，它不仅具备观赏价值，也具备一定的收藏价值。

一件好的水晶观赏石，必须同时具备天然性、奇特性、稀有性、耐久性这四个特点。

天然性是水晶观赏石必须具备的基本特性。水晶的整体造型，在不经过任何雕琢与修饰的情况下，就具备极高的观赏价值。如果是包裹体水晶观赏石，则需要经过一些简单的打磨与抛光，让水晶内部的包裹体方便观赏即可。

奇特性是要求水晶观赏石必须从形态，到质地，再到内部特征，都必须十分奇特。最好是能够在晶体里面找到大自然风光的缩影。

天然水晶是不可再生资源，本身就十分稀有，具有稀有性。开发得越多，存量就会越少。因此，为了保护水晶资源的可持续发展，国家已经制定了一些政策来限制对水晶的开采。与此同时，许多国家也都提高了开采和出口天然水晶的门槛。在市面上出现得越稀少的水晶，也就具有越高的价值。

水晶的化学成分主要为二氧化硅，莫氏硬度为7。这一特性决定了水晶的耐久性，不会腐烂变质，容易保存。

对于不同的水晶观赏石种类，也有更加细化的品质评定标准。

水晶晶簇观赏石，只有保持其开采时的完整性，才具备更高的观赏性。

水晶洞观赏石，则必须采用合理的切割抛光方式，一般来讲，都是以纵切的方式，将水晶洞一分为二，否则就会破坏水晶洞的观赏性。

水晶原石观赏石，必须能够将水晶的皮层巧妙地去除掉，只有将晶体最大限度地呈现出来，才能让水晶爱好者产生强烈的观赏欲望。

包裹体水晶观赏石，必须通过打磨表面才能呈现出来。这种观赏石对打磨的技巧要求很高，一般可以打磨成平面和素面。如果打磨成素面，则要求弧度不可以过大，否则一不留神就会导致景观变形。

有些包裹体水晶观赏石也会借助雕刻技艺的衬托，将其观赏

水晶挂件

价值更大地衬托出来。例如将红色石榴石包裹体雕在观音像的额头上，或是将水胆雕刻在动物的双眼部位等等。这种将两种艺术相结合的方式，称为"俏色雕"。

这是一个包罗万象的世界，地球上的一切生物、矿物，都以各式各样的姿态呈现在这个世界面前。水晶也是如此，它展现着自己不同的颜色、不同的形态，仿佛在用无声的语言，向这个世界证明自己的存在。

水晶的多种多样，正是它值得人们去珍爱的原因之一。它让人们感受到了纯净的能量，也让人们感受到了这个世界的多姿多彩。

 第四节　N种水晶、N种投资的命运

真正有价值的东西，永远都不会过时。就像黄金一样，虽然有价格上的起落，却永远不会改变它的本质——国际通用货币。

水晶虽然不像黄金一样，在纯度和价值方面有明确的规定，但是，究竟什么样的水晶适合投资，也并非完全没有参考标准。

根据水晶的种类划分，最具备投资价值的水晶种类，就是含有包裹体的水晶。这种水晶受到许多水晶藏家的青睐，因为其晶体内的包裹体，大多呈现出寓意深刻的图案，给人一种意境之美。并且，大多数包裹体水晶，都有着水润绚丽的色泽，晶体晶莹剔透，既无杂质，也无裂痕。

水晶本身就是宝石的一种，因此，包裹体水晶也被誉为"宝石级的观赏石"。全包裹体水晶，是水晶在结晶的过程中，将一些物质包裹在晶体里面，经过几亿年，依然保持着水晶结晶时的原状，

淡黄色晶洞

多色水晶

几乎没有受到大自然的影响。

水晶的包裹体种类也十分丰富多彩,既可以是气体,也可以是液体,甚至可以是其他矿物质,甚至宝石。根据晶体内包裹体种类的不同,包裹体水晶也被分为不同的种类。

猫眼水晶:比较常见的是钛晶猫眼、铜顺发猫眼、石英猫眼、绿发晶猫眼。

星光猫眼:比较常

黄水晶

见的是星光钛晶、星光粉晶、星光石英。

钛晶花：它是由三组在一个平面内交叉排列的钛晶所组成的形象，不仅美丽，并且罕见，十分值得投资。

水胆水晶：在前面的章节中介绍过，水胆包括气态、液态、固态，或者多种形态并存。常见的水胆颜色为无色，也有红色、绿色、黄色、蓝色、黑色出现。越稀少的水胆颜色，就越具有投资价值。

发晶：它包括钛晶、铜顺发、绿发晶、黑发晶、银发晶、杂色发晶。其中，钛晶是最具有投资价值的，有些钛晶的价值可以与红宝石、蓝宝石、祖母绿等宝石相媲美，有些钛晶的价值甚至堪比钻石。

兔毛水晶：它主要由细微发丝状结构组成，有红色、黄色、白色等颜色。

幽灵水晶：它的主要组成为绿泥石，分为绿幽灵、红幽灵、白幽灵等，其中绿幽灵最为珍贵，值得投资。

绿幽灵水晶

第二类适合投资的水晶，是有"象形物"的裂隙体水晶。这种水晶晶莹剔透，可以通过光线的折射与染色，在水晶内部形成某种图案。如果水晶里的裂隙透过光来看，能够呈现出比较特殊的图像，也就具备更高的投资价值。

这种水晶的形成原因，是由于水晶结晶以后，受到地球引力的影响而产生的裂隙，晶体外的一些物质通过水晶的裂隙渗透进水晶内部，包裹于水晶之中。那些裂开的部分，通常被称为"通道"。在不同的地点以及不同的自然环境的影响下，晶体内的景象也会呈现出不同的样貌。

所谓象形水晶，就是里面的象形物越逼真，越具备投资价值。无论水晶里面的象形物呈现出山水、人物，还是文字、动物、植物，甚至器具的模样，只要能够清晰可见，并且有一定的美感，都具有投资价值。

还有一种具有投资价值的水晶，被称作"皮景"。这种水晶是某些其他矿物与水晶共生，或由于其他物质侵蚀而依附于水晶表面，或水晶受到自然环境的影响，在水晶表面出现蚀象，形成了一些景象或者图案。与风光水晶不同，"皮景"的景观是存在于水晶表面的。至于这种水晶的投资价值，完全要看购买者对水晶景观的喜爱程度而定。

第三类值得投资的水晶，就是水晶球。不过，值得投资的水晶球并不是越大越好。标准的具有投资价值的水晶球，直径一般在6-10厘米左右，晶体必须拥有极高的净度，近乎纯洁无瑕，并且没有裂缝。如果遇到这种水晶球，一定要毫不犹豫地购买下来，因为这种水晶球的升值空间非常大。

后　记

　　与水晶有关的艺术，是一种小众的艺术。许多人喜欢水晶，不过是喜欢它亮晶晶的质感与丰富的色彩，希望用水晶为自己的外形增添一抹亮丽的色彩。至于水晶的品质与真伪，他们并不在乎。

　　因此，这本书是写给那些真正热爱水晶，迫切想要了解水晶的人读的。笔者也希望大家读过之后，能够对水晶产生更多的兴趣。

　　在天地之间，存在着许多科学无法解释的现象，水晶的能量就是其中一种。而越是那些科学无法解释的东西，就越会激发出人们的好奇心。

　　从很小的时候起，我们就能看到水晶球以神秘的姿态出现在许多科幻电影当中。它是魔法师手中必不可少的一种法器，可以显现出遥远的地方的景致，甚至可以预测未来。

　　因为神秘，更激发出人们对于水晶的向往。水晶的力量虽然没有电影中表现出来的那么强大，但是那些暗藏在水晶之中，无法被科学解释的力量，也让更多人想要探究水晶的神奇力量。

　　不夸张地说，水晶可以照亮我们的生活。在水晶爱好者眼中，它能改善我们的健康状况，让我们的性格变得更好，提升我们的整体运势，甚至让我们变得更加聪明。并且，将水晶作为饰品佩戴，也可

水晶饰品

以让我们的造型更加靓丽。

　　这本书包含了对于水晶的基本知识,也介绍了现在市面上最常见的水晶,以及许多不为人熟知的水晶种类。希望本书能够对水晶爱好者起到一些指导作用,在学会认识各种水晶以及辨别水晶的真假的同时,也了解到不同的水晶对于人的精神、心理、情感上所起到的不同的作用。